食中作樂

蔡瀾題

江青 文　　亞男 攝影

目錄

推薦序

印象江青

嚴歌苓

我和江青有不少共同之處。首先我們的故鄉都是上海。其次，我們都曾為舞者、舞蹈編導（假如我少年時代那樣的革命舞蹈也算舞蹈的話）。再則，我倆都愛美酒美食，尤其愛烹飪。其實，得知江青的聲名，早在上個世紀七十年代末。當時我爸爸和李翰祥導演在上海錦江飯店同住，因為他們在合作一部基於徐悲鴻生平的電影。李大導演提到一個「刺耳」的名字——江青。當我弄清此江青非彼江青，我便立刻對舞者和金馬影后的江青爆發了極大興趣。向李大導打聽後得知，江青從港臺回歸大陸後，在全國演出她創作的現代舞。那時中國初開放，台灣許多訊息是被阻斷的，所以我對江青在電影及舞蹈上的成就完全無知。聽了李導演的介紹，我當時就想，羨慕是多麼單薄的詞，來表達我對這位舞界佼佼者的最初感覺。

得見江青本尊，與李大導口述江青其人，已經時隔了幾十年。這一次是在我柏林的家中。我和江青共同的朋友陳邁平有次造訪柏林，我請他晚餐，他問我可否帶一位叫江青的朋友一塊來。我立刻答應。當晚江青蒞臨，高雅而優美，我在青年時代生發的無比的羨慕，終於得以表達了。餐桌上聊得很親，似乎我與她的相識並非錯過了幾十年，而是那幾十年都在為我們最終相見做了鋪墊和預熱。之後我們便建立了密切的聯繫，時不時打一通電話，談電影，讀書，也談做菜。尤其在疫情中，餐館都關門，逼得我和她每天炊事，被逼無奈地開發新菜式，深挖各種食物的潛能，提高做菜的效率和品質。

在我收到江青寄來的《食中作樂》，我立刻被圖片中一份份雅致精美的菜式所吸引，眼睛就先做了老饕。再一閱讀文字，我看到江青和地球上絕大部份的人類成員一樣，經受了骨肉隔離，行動自由的失去，生活方式的改變，以及精神憂慮、壓抑等等苦痛，與其說是食中作樂，不如說是苦中作樂。跟封國、封城時期的我自己相比，所經歷的平行的無奈歲月流逝，在一切未知的分秒中經受生活，不，更應該說是忍受生活。當然，我們所喜愛的烹飪，給我們的忍受帶來了一點人間溫度，菜式，是不變的一天天封閉日子裏唯一的變化。也不準確吧？江青把她在疫情期間的寫作，當成避難港，我在這點上，與她也是相同的，寫作永遠是我的避難港。在這個「港」裏，她和我都收穫頗豐；她出了三本書，還在羅馬歌劇院擔任歌劇《圖蘭多》舞蹈編排。我寫就兩個長篇，一個短篇小説集。由於國內對我的封殺，現在我的出產大於需求，除了自成立的「新歌」出版公司去年六月下旬出版了第一本體量頗巨的長篇《米拉蒂》之外，其他兩本還處於庫藏階段。

我和江青，還有一個相似處，就是能吃苦。去年夏天，我受邀住在她的紐約公寓裏，發現她性格上這個「好毛病」：吃苦耐勞。有一天，我還在睡覺，她趁大早的涼爽，趕去唐人街，為當天的晚餐採買，並自己手拎肩扛把食材運輸回家。我起床不久，就發現她在客廳裏剝豆，要用親手剝出的鮮嫩豌豆來烹製晚餐一道亮麗菜肴。當天下午，那碧珠般的菜肴，果真出現在餐桌上。在歐洲住了十幾年，我對鮮嫩豌豆久違了，對剝豆童年這道上海弄當的家常風景，更是久違，所以吃著一粒粒清香的嫩綠豌豆，思鄉懷舊之情和味蕾一塊被滿足了。餐桌上江青說：「妳一定很久沒吃到新鮮豌豆了吧？我今天專門買來給妳吃的。」知上海人者，必上海人也。

我得承認，攝影家亞男為這本書拍攝的圖片，為此書增色，使得各樣菜式展示了極具感官魅力的呈現。色香味，頭一個元素就是「色」，美感對一道美食所起的作用，是太不可低估了。並且亞男對於色彩、角度、採光的選擇，都雅致到極點，並且是低調奢華，或「悶騷」，此處不用個低俗詞彙，便過不了評說之癮。

《食中作樂》台灣版出版，是江青的讀者的一大幸事，也是江青的食客們的一大幸事。借此，我胡侃幾句「江青印象」。用大陸多處流行的「印象某某」，我也時髦一記，來個「印象江青」。

是為序。

自序

疫情食趣

蔡瀾是「食神」又是老友，此書跟食有關，我寄給他《食中作樂》的構思和亞男拍的幾張照片請他指正，他馬上回信：「與眾不同，很好。」我就得寸進尺的請求他為書名題字，謝謝他即刻應允，他說：「自己人不用客氣。名副其實的舉手之勞。」這樣的隆情厚誼哪裏去尋?!

鄭培凱、鄢秀伉儷一直為我加油打氣，上本書《我歌我唱》培凱寫了序〈起舞弄「青」影〉，洋洋灑灑五千字，他們二位都是教授，應當說是給書加了分數更為合適，真心感謝！

我寄了構思也寄了初稿前六節給他們伉儷，好像學生希望得到教授的批改，結果收到培凱的回信：

灶王爺爺的來信

文章收到了，非常有趣。

我的生日是臘月二十三，灶王爺上天言好事，所以，人人都供上好吃的給我。母親總是說，我生的時辰好，也麻煩，貪嘴。

沒想到妳的生日是臘月二十四，是許多南方地域祭灶的日子，也是灶王節。可真巧了。

新冠病毒肆虐，我們困居家中七個月了。每天讀讀書，寫寫字，做做文章。其他時間，就是做菜，都是些家常菜，如清蒸魚（石斑、黃立鯧、盲曹、紅鮋）、紅燒魚或乾燒魚（加吉魚、porgy、鰻魚、鯇魚）、炒墨斗魚（配芹菜、杭椒、大蔥）、橄欖油羅勒錫紙包乾煒海鮮（大蝦、鮮貝、比目魚、鱈魚、三文魚等等）、薑蔥辣椒炒蜆、炒螃蟹、清蒸各種螃蟹（澳洲奄蟹、梭子蟹、紅蟹等等），翻來覆去，不一而足。

得好好看看妳的食譜，增加些花樣。

哈哈！灶王爺爺的來信真有趣，顯而易見跟我一樣好吃，他說自己貪嘴，而我在文章中開首稱自己是灶神娘娘，肚裏有饞蟲。同是吃客才會相交四十多年。我們已經約好了，疫情過後結伴去旅遊，好好吃、解解饞。不知道食神可不可以帶路？

我好吃但不懶做才會著手寫這本有關疫情食趣的書，何況疫情中有人等著看我的食譜，增加些花樣，這豈不就是對我的嘉獎和鼓勵嗎？

特別需要說明的是這本書內的食譜都是「克難」菜，因為疫情期間住在異國——瑞典斯德哥爾摩，周圍普通超市裏中國食材非常有限，我也只可能在這有限的範圍內燒出家鄉的食趣尋找樂趣。

此書的合作者攝影家亞男，我們二〇〇八年初識，因為那年十月夫婿比雷爾遠行，老友陳邁平（筆名萬之）看我在瑞典孤單，拔刀相助幫我張羅比雷爾的葬禮，請亞男為葬禮攝影留下珍貴紀念。我們萍水相逢，他能如此慷慨的伸出援手，我一直感懷在心，此後交往成了朋友。

深更半夜有了寫《食中作樂》的主意，就迫不及待的給亞男打電話，沒有想到他比我還要興奮。就這樣開始了我們的第一次合作，我們合作的如此愉快而投入。

從開始構思到完成，前後不到兩個月的時間，可以說是神速，當然是因為有衝動，其中包括了我和亞男互動的成份，讓自己保持在一個激情的狀態中進行創作。

希望這本書正像蔡瀾所說：「與眾不同！」那我就心滿意足達到了初衷。

二〇二〇年八月二十五日

江青

壹

灶神娘娘

從小我就嘴饞，如今已經老了還是有饞蟲在肚裏蠢蠢欲動，大概跟我外公好美食有關，在上海他最喜歡上的館子是「老半齋」，大部份老上海都知道，它在漢口路上，以淮揚菜出名。那都是一九五四年以前的事，我們喜歡點的菜到現在還記得，現在有機會到上海也會光顧「老半齋」，點幾十年前外公喜歡的菜式：大煮乾絲、水晶肴肉、刀魚汁麵、蟹粉獅子頭……聽說解放前魯迅、胡適、梁實秋等上海名流都是這家酒樓的常客。

媽媽則喜歡帶我和弟弟到南京西路上的一條巷子裏吃烤鴨，每次我們都點半鴨三吃：薄餅夾鴨皮、鴨絲炒芹菜、鴨架粉絲白菜湯。吃完飯，包輛三輪車回家，大弟弟江秀必定在車上呼呼大睡。

這個習慣我保留了下來，在斯德哥爾摩經常請我兒子一家三口上「釣魚台」吃烤鴨，一鴨三吃必須提前一天預定。吃完飯，兒子必定開車送媽媽回家。可是疫情開始後，我們再也不敢上餐館，聽說我們常去的「釣魚台」分店目前不營業。

回想起來，上海家中冬季春節前後總是一番熱鬧的景象。冬至以後外婆就開始張羅準備過年了，託人到鄉間買山民打來的野雞，總有上百隻，爆醃後連毛一起掛起來風乾，白天一排排地掛在

弄堂的圍牆上，小孩子們輪流在弄堂裏一邊玩耍一邊看著。

廚房外的天井裏放著做臘八豆和醃雪裏紅的大瓦缸。記得幫工的人還捲著褲腳光著腳站在缸裏吱吱地踩個不停，有時我也會湊上一腳幫忙在缸裏跳。我最喜歡用雕花的木模子倒出各種圖案、各種色彩的糕點來，很多糕點還要在正中間蓋上表示吉祥如意的紅章，最精彩的還是看外婆在她的大床底下小心翼翼地抽搬出那笨重粗糙的深褐色的大罎子，罎子裏面是封存了整整一年、用上好的香噴噴的小磨麻油浸泡已用粗鹽暴醃過的青魚段。外婆開罎獻寶時，圍觀的人個個往裏吸氣，撲鼻的香氣，使人垂涎。

家中老人說：灶王爺的生日是每年陰曆十二月二十三日（但也有二十四日一說），我的生日陰曆是十二月二十四日，就算我是灶神娘娘罷，所以怪不得好吃。

民間的祭灶節，祭灶風俗始於周代。祭灶時間不一，漢朝之前祭灶在夏天，漢至宋在臘月二十四日，明清時，祭灶已為臘月二十三日，無論如何，早一天晚一天我都還是沾邊的。

記得祭灶節這天，很多家在灶前貼一兩隻灶君菩薩升天時騎的「紙馬」，用酒果、糕餅、麻糖、核桃、紙帛作祭。祭完之後，揭下灶君舊像，貼上灶君新像，貼上「上天言好事，下界降吉祥」等條幅。然後小孩大人就迫不及待地開動滿滿的一桌豐盛的宴席菜了，印象中過祭灶節是過春節的序曲，年菜在這之後陸續起動，臘肉、灌香肚、風乾醉豬肝、年糕之類平時差不多看不到的食品開始上桌，然後小年夜、除夕、過年：鞭炮、守歲、壓歲錢、拜年等等，然後忙著元宵節慶祝，大家四處買紙紮的燈，我喜歡幫著推小石磨，磨水磨糯米粉做元宵節湯圓用。

那時上海家中元宵節時喜歡上四喜湯圓，取個好意頭「福祿壽囍」，五仁、肉餡是鹹湯圓，紅

豆沙、豬油黑芝麻是甜湯圓，我小小年紀居然可以一口氣吃下四個。現在年紀大了想想好像都已經飽了。

我由上海到北京學舞蹈，之後到香港又到台灣入影藝界，然後漂洋過海到美國回到舞蹈本行，如今又一半時間住在瑞典，對我來說，無論餐廳的菜式有多豐富、豪華，最終都比不上最為平凡的家常菜。

平時我喜歡下廚，發現可以幫助紓壓，另一方面在家裏請親朋好友吃飯，是件樂事，可以喝酒聊天，不受時間限制，也無需拘泥吃相，尤其是需要動手的螃蟹、龍蝦，以及需要啃的雞翅膀、牛尾之類。

在猞猁島坐在快樂時光位置上與朋友喝酒聊天

貳

羅馬最後的晚餐

二〇二〇年二月中開始，在羅馬歌劇院開始排歌劇《圖蘭朵》，這已經是在過去的四個月中我第四次來羅馬。非常喜歡義大利菜，尤其是用各種各樣的乳酪和葡萄酒調製的菜式。在羅馬有識途老馬的義大利朋友早就給我指點迷津，嚐了不少傳統烹飪的義大利菜式，自己不必做飯，從廚房「休假」也頓感閒暇。

不料二月下旬三月初，新冠肺炎病毒在義大利日漸囂張，我意識到下館子太危險，還是老老實實做給自己吃最安全。歌劇院給我租了離劇院很近的公寓，傳統老式的建築非常厚實，要花很大力氣才能拉開的沉重大門，高高的天花板上畫著仿文藝復興時期的畫，手工燒製的大磁磚覆蓋了整個公寓的地面，還有四個有鐵花裝飾的露台，浴室和廚房古色古香都頗具規模。對我來說廚房至為重要，當初看房子時就先開廚房櫥櫃檢查了一番，鍋碗瓢盆大大小小一應俱全。

於是一天下班拉了歌劇導演也是老友艾未未到中國食品貿易行採購，看到好吃的我就心花怒放，居然有現成下酒的臭豆腐、開花豆、豬耳朵賣，大包小包瓶瓶罐罐買到提不動了我才住手。離開商店前艾未未往我手中塞了把十二人份的竹筷：「送給妳，吃中國飯一定得有它，使刀叉就不是那個味兒啦！」「哪裏需要這麼多雙筷子？」「妳不是要下廚嘛，我們都趕緊過來吃啊！」。

我住的公寓附近又有亞洲食品超市，看到日本米、味噌、韓國泡菜、泰國咖喱，又忍不住買。一天從公寓往排練廳走，看到側街上有個露天菜市場，那是我在歐洲尤其是義大利和法國最愛去逛的地方，新鮮瓜果蔬菜色澤誘人、種類繁多；乳酪專賣車櫥櫃中琳瑯滿目。我知道的品種不多，讓我一時之間無從選擇；魚攤上的新鮮大章魚、肉攤上的新鮮牛肚，都是在美國和瑞典超市中看不到的；當然最最讓人眼花繚亂的是義大利火腿、香腸、橄欖之類燻醃食品，種類之多嘆為觀止。所以我就在早上有集市時，先買好新鮮食品，放在冰箱後，才轉回去上班。不出幾天，冰箱裏、冷凍櫃中、廚房抽屜和櫃中全塞滿了，完全有準備開小餐廳的架勢。

不料沒出幾天，三月四日下午羅馬歌劇院藝術總監宣佈停排，所有主創人員暫按兵不動二十四小時，然後再宣佈最後決定。看疫情席捲而來的趨勢，肯定三月五日將會是我在羅馬最後的晚餐，面對這麼多食材直犯愁。從小養成的習慣不能浪費食物，小時候家中的老人常說：「要吃乾淨才能離開。」我有時貪心拿太多，也只好硬著頭皮「受罪」往嘴裏塞，幾次下來就學「乖」了；有時碗裏沒吃乾淨剩下米粒，大人也會嚇唬孩子：「你不怕打雷嗎？糟蹋糧食天打雷劈！」

一九五八年底到一九六二年初，三年災害時期我在北京，更是記得「餓得慌」，因為餓滿腦子盡是「吃」，糧食定量，菜沒有油水，魚、肉更加稀罕，過年過節才會有那麼一小丁點兒。尤其到農村勞動，一天只有兩頓飯，在人民公社食堂中，稀飯稀得大勺放下，可以一下沉入桶底，每天每頓清一色熬白菜湯就鹹菜，菜湯上還漂著一層蟲，村民們口中邊說：「不礙事的，菜蟲營養豐富，娃兒們喝了吧。」邊自己咕嚕嚕把湯倒下肚。吃完飯回去繼續勞動，還沒有回到農地上，肚子已經又感到餓了，當時因為營養不良，我還嚴重浮腫了很長一段時間。

這些生活經歷，回想起來仍然歷歷在目，也養成我從不糟蹋食物尤其是糧食的習慣。我必須盡量消滅我所採購的食品，於是請大夥來聚餐，果然十二雙筷子全都派上了用場。根據當時廚房裏現有的食材即興菜單如下：

下酒小吃：各色義大利香腸、火腿、橄欖、肉凍、泡在橄欖油中的 Anchovies 魚、醃製 artichoke。

菜單：鹽水毛豆、清炒蝦仁、涼拌茄子、松子蘆筍、火鍋醬料燉燜牛肚、素雞炒青菜……

主食：把我買來的冰凍三鮮水餃、菜肉香菇包、酥脆蔥油餅，煮的煮、蒸的蒸、煎的煎。

帶殼毛豆現在除了東方食品店有賣，外國普通的超市也都有售。我想跟時興吃日本壽司有關，一般去日本料理店，一定會先給你一小碟子綠得開胃的鹽水毛豆，很好的下酒小菜。我常常做這個健康食品，除了營養豐富、方法簡單、物美價廉、皆大歡喜之外，是我孫女禮雅（Selma 瑞典語名字）最愛。一開始抓著有殼毛豆往嘴裏塞嚼出豆仁，然後把殼子拉出來；後來進步一點，開始剝出豆仁來放嘴裏，再把豆殼扔掉；現在跟奶奶我學，把毛豆一頭對著嘴用手指一捏一擠，豆仁就掉在口中了。學會了這個竅門，樂此不疲，更愛吃鹽水毛豆了。

歡愉的晚飯結束後大家互囑珍重道別，我將白米，乾麵條以及用不完的佐料、乾貨、食品，通通給了家在羅馬的友人，他們笑說半年都不必上東方食品店購物啦。

把當晚菜單中列出的前三個菜的做法寫下：

毛豆是奶奶的孫女禮雅的最愛

鹽水毛豆

食材：急凍有殼毛豆 500 克，八角 3 至 4 粒，鹽 1½ 湯匙。

製法：1,500 克清水放在鍋中，放八角蓋鍋蓋煮滾，熄火，讓八角在水中浸泡一小時或更長時間。

幾小時後見清水變黃色，八角香氣撲鼻，再開大火，將水煮開。

凍毛豆莢直接放入滾水中，水淹過毛豆，不蓋鍋蓋以保持毛豆莢綠色，等水再開時，馬上熄火，將毛豆和水倒入漏篩中，水漏掉後。將毛豆莢和八角放入容器中，趁熱撒上鹽（鹹淡可根據自己喜愛斟酌）拌勻。冷卻後放冰箱。

涼拌茄子

食材：茄子 1 個、鹽 1/2 茶匙、蒜末 1/2 茶匙、薑末 1 茶匙、醬油 1 湯匙、麻油 1 湯匙、醋 1/2 湯匙、糖 1/2 湯匙、切碎紅辣椒 1/2 茶匙。

製法：茄子去掉皮和切掉頭尾，切成約兩寸長長條，放入容器中，隔水蒸約半小時。從蒸鍋中取出容器，倒掉蒸出來的水份，加鹽拌好茄子，放入冰箱。

從冰箱中取出茄子後，再將多餘水份倒乾淨，將預先切好的蒜末、薑末（喜歡辣可以放紅辣椒）加入，拌上醬油、麻油、醋、糖拌勻。（如果喜歡芝麻醬的可以淋上，那樣麻油可以少放些。）

清炒蝦仁

食材：無殼生蝦仁 500 克或有殼生蝦 700 克（剝去殼成蝦仁）、酒 1/2 湯匙（用中國紹興酒，外國 Dry sherry 也可以替代）、鹽 1/4 茶匙、薑末 1 茶匙、葱末 1 湯匙、白胡椒粉 1/2 茶匙、麻油 1/2 茶匙、玉米粉 2 茶匙、大蒜 3 至 4 瓣、油 4 湯匙。

製法：蝦如果帶殼先剝去，背後泥腸挑出。用鹽先抓一下，蝦有黏液出來，冷水沖洗乾淨，用廚房紙擦乾備用。

醃製蝦：燒菜酒、鹽、薑末、葱末、白胡椒粉、麻油、玉米粉。拌勻後放入冰箱冷凍一小時或以上，需要時取出。

炒菜鍋在中火上熱半分鐘，加入油，鍋鏟滑動一下讓油沾到鍋中四面，放入蒜瓣爆香，取出蒜瓣，倒入蝦仁後不停翻炒約一分鐘，蝦仁分開並呈現白色，開大火續翻炒半分至一分鐘，視蝦仁大小而定，蝦熟盛盤。

二〇二〇年二月，在柏林艾未未工作室籌備歌劇《圖蘭朵》。

叁
面對困境

晚上整理行李時，發現只有護照在，但其他物品：瑞典家中的鑰匙、瑞典克朗、美金支票本、在英國取的英鎊，都放在一個小包中找不到了。只好給兒子漢寧打電話，告訴他第二天的行程，要他帶著我家的鑰匙到機場接機，不料他說在醫院急診室走不開。情急之下只好向老友陳邁平求救，邁平是個好心人，知道了情況之後，告訴我他先去醫院取鑰匙，然後再到機場接我。本以為羅馬直接飛斯德哥爾摩，雖然都屬歐盟，但義大利是疫情區，機場會有量體溫之類的體檢，結果通行無阻，是一個完全不設防的國家。

我納悶的問邁平，他說：「瑞典政府採用了不防控政策，一切照常進行，情況相當嚴峻，我去醫院取鑰匙時，急診室內湧滿了人，看上去幾乎清一色新冠肺炎病人。」聽了這話我心裏一沉，焦躁和不安立刻籠罩著我，周到的邁平在路上拐到超市，讓我買了牛奶、雞蛋、水果之類的必需品，發現巨大的商場中沒有一個人戴口罩。邁平告訴我：「如果妳戴口罩，此地人會以為妳有病，避而遠之外也會投來奇怪的眼光。」「哦——那不更好，離我遠些。」。

第二天漢寧打電話來，我迫不及待的問他瑞典「疫情」情況，他似乎盡量避而不談，只是避重就輕解釋：「每個地方國情不同，鑑於疫情特性還沒有摸清，瑞典政府全盤定下的方針和計劃，是並無任何更加好的選擇中的權衡選擇，在瑞典，人力、資源奇缺，顧了頭就顧不了尾。既然不設防是政府決策，我們醫務人員只能跟著這個思路進行工作。」他警示我：「十四天內妳必須哪裏都不去，妳由羅馬高疫情區才回來，又在高風險年齡段，我也在高危險一線工作，我們最好暫時不見面。」一聽，我倒抽了一口氣「啊——」差點眼淚都要出來了，我已經快兩個月沒有見到寶貝孫女禮雅了，一心一意盼望著團聚……

漢寧問：「媽媽妳需要甚麼嗎？我可以去買了開車送過來，放在樓下門外。醫院數據告訴我們，疫情死亡人數中九成是七十歲以上高齡老人。妳可千萬要小心！」「趕快回家睡覺去，已經在急診室十幾個小時了，我自己會搞定的，妳就不用操心了……」掛上電話，看著冷清、清冷的公寓，尤其前個階段在羅馬排練期間，每天幾十個人有時百多人鬧哄哄的在一起工作，對比之下落差如此之大，心中也頓時覺得空了一大塊。我意識到現在必須孤獨面對困境。

憂心忡忡兒子和他全家的安危，使我惶惶不可終日，獨自在家如熱鍋上的螞蟻團團轉。除了設法四處打聽可靠性的醫藥，也看五花八門的信息，調查瑞典實際情況，才知道瑞典實施的是佛系「不封鎖」防疫政策，在目前疫情初期醫療設備的匱乏，即沒有具體嚴格封鎖措施，也沒有檢測和防護設備的投放，導致太多人付出生命的代價。且人均死亡率冠全球，是鄰近國家挪威、丹麥的數倍，群免的獲得代價太高，也充滿了不確定性，這是我始料不及的，而對這些資訊，漢寧則隻字不提封口如瓶。

即使如此，瑞典公共衛生局獲取七成以上的公民支持率，當然這和公民對政府長期以來的依賴和高度信任有關，對政府的決策不持任何懷疑態度。據說在疫情最早期失控時刻，瑞典國王和總理站出來對人民呼籲：每一個人的表現和作為，將決定這個國家的生死存亡！

羅馬歌劇院《圖蘭朵》工作由於疫情停擺，但半年以來的創作過程相當有意思，工作經驗也非常特殊而有意義，於是決定集中精神，坐下來、靜下心、埋下頭，寫文章。想到這也許這是最好的「一劑藥」，可以幫助分心安神。

我是三月六日回到瑞典，林青霞知道了我有意寫篇文章馬上自告奮勇：「讓香港《明報月刊》四月給妳文章留位，我去說！」「那哪裏來得及，我寫作很慢的……」不料三天後我就完成了，速度之快連自己都不信，當然跟我睡不著覺有關，乾脆一路往下寫、寫、寫！青霞給我文章起名「叫停?!」。

鍵盤居然敲開了烏雲的縫隙，露出了一星點光亮，似乎在照著我前行。必須行動起來，第一步要找防疫用品：口罩、加護服、手套、消毒劑，結果瑞典藥房貨物奇缺，據說都給中國人買光了，寄回中國救疫情。情急之下我四處打電話、寫信討救兵，結果從上海、紐約、柏林等地絡繹不絕的寄到了形形色色的防疫用品和各種保健品。中國的保健品漢寧不肯碰，他覺得沒有論證過，也勸我沒病不要亂投藥，不要弄巧反拙。口罩我可以用得上，加護服醫院短缺漢寧要了，但又擔心其他醫護人員沒有，自己獨吞、搞特殊不合適。

攝影師朋友亞男，提出要到急診室記錄下疫情期間瑞典醫院的真實狀況，要我徵求漢寧意見，兒子說要先考慮一下。從小，他一貫作風如此，我也習慣了，又不便催，結果我讓亞男直接跟漢寧商量，之後亞男告訴我：「漢寧感到目前緊急狀況下，救人第一，怕拍照影響工作，疫情如此迅猛，在防護設備又不足的情況下，大家安全第一。」當時瑞典在首都斯德哥爾摩近郊趕著蓋醫院，專門收留新冠病毒患者。後來得知亞男在瑞典抗疫前線以自己的鏡頭記錄下了許多珍貴的畫面。其中以在 Grand Hotel 鏡廳拍攝的鏡頭最為懾人，志願者們需要緊急培訓，結果瑞典赫赫有名的瓦倫堡家族提供了最有歷史價值的 Grand Hotel 給志願者做培訓場所。

亞男說圖

新冠疫情傳到瑞典的是三月中旬的事情。那時正值瑞典傳統的春季運動週假期，很多人去義大利北部滑雪。假期結束後，疫情便在斯德哥爾摩迅速蔓延。

這個數百年沒有經歷過真正戰爭的國家幾乎沒有任何戰爭物資儲備。僅有的一些基本國防設施也隨著九十年代初的蘇維埃解體，煙消雲散。全國的消毒酒精、口罩、防護服、藥品統統告急。

人們在驚恐中無所適從……

街道上，匆匆的人，因為恐慌而瘋狂，從城市的角落裏搜羅囤積一切。

很快醫院爆滿，救護車的嘶鳴把恐懼推到極致。偶爾出行的人們，彼此遠遠地保持著距離。我在這時候給漢寧打的電話，他非常疲憊，沒有說很多話。我提出拍照，想記錄第一線的他。他很平靜的說，現在很危險，把他自己視作為英雄，不妥。

國王與王后因為年事已高，先前的幾乎所有公開活動均已被取消，我的日曆頓時空閒許多。

一日，省政府打電話說，現在許多斯德哥爾摩的志願者要求加入抗疫的隊伍，需要找緊急培訓的地方。當天下午又來電，瓦倫堡家族免費提供 Grand Hotel 供志願者做培訓使用，並且負責一日三餐。

Grand Hotel 鏡廳。

一個充滿了傳奇和歷史的地方，最起初近三十年的諾貝爾頒獎宴會就是在這裏舉辦的，一直是皇室和政要舉辦重大活動的地方。（面對二〇二〇年的疫情，瓦倫堡家族一如既往地默默支撐這個國家和民族。）

鏡廳的水晶燈又一次見證了歷史。我用鏡頭拍下斯城的志願者忘我投入、疫情下的人生百態、瑞典工業之父家族如何獲得社會的尊重。用我的鏡頭記錄平常與堅強，作為記錄者，這是我的榮幸。

adidas

肆
母子「約會」

在這期間，漢寧一開始感到不舒服，疲累得撐不住，但醫院不准假，幾天後開始發高燒，喉嚨疼、咳嗽之外覺得精疲力竭，醫院給了假。三天後燒剛退，在沒有恢復嗅覺和味覺的情況下完全沒有食慾，向醫院匯報後，醫院就要他馬上返工不准請假，按現階段規定：原則上不發燒就必須上班，否則醫療系統會垮塌。瑞典醫院採取了醫護人員也不檢測的策略，孫女禮雅和她媽媽莎米拉（Samira Mobarke）生活在同一個屋簷下，無可避免的也都是生活在高危區，託兒所負責人看禮雅流鼻涕，小臉整天紅通通的，也都知道她爸爸在一線，所以拒絕她上託兒所。這更使我每天生活在水深火熱中，不知道該如何去驅除心中的惶恐。

於是決定跟兒子「約會」談話，一直沒有跟他見面，但室外還是允許的。

清晨，在比雷爾的墓地上，我點燃了他生前喜愛的蠟燭，兒子埋下了盆栽松樹。遠遠的看著兒子瘦削、蒼白、疲憊不堪的臉，我說：「每天為你在一線堅持揪心，我只想到這裏來，唯一的地方，可以讓我心中平靜下來……」

「嗯！我也失眠，情況很糟糕！」

母與子——漢寧（Henning Blombäck）

我有千言萬語但吐不出來，只說：「等一會兒，你不用送我，好久沒有在陽光下散步了，這裏空曠，我可以慢慢走回家。今天你不用上班，趕緊回家補覺去。」

「我必須回醫院，太多事、太多病人……」

哽咽、無語。

車子在我目送中離去。

其實我本來的打算是當面勸兒子，趁他已經拿到假期，可以在家休息調整一下，但話到嘴邊我又使勁吞了回去。因為實際上這段時間漢寧全家該在羅馬看我參與工作的歌劇《圖蘭朵》首演，他假拿了，飛機票、旅館也早就訂好，演出完畢我們還打算全家在義大利旅行幾天，現在因為疫情演出取消，他們也取消了旅行計劃。作為母親我太了解兒子，和他父親一樣是對社會有責任感、有擔當的人。兒子走後，我獨自站在比雷爾墓碑前良久，為兒子的有操守驕傲之餘，更為自己慶幸，沒有當著比雷爾規勸兒子「逃避」，想是地下的他給了我作「人」的勇氣，抬頭向上看，彷彿他躲在雲中注視著我點頭微笑！

獨步回家的一路上，我想疫情中這條多災多難的漫漫長路還看不到盡頭，目前能做的就是保證全家人的身體健康，注意營養很重要，我一直相信食補比藥補靈光。回家後馬上檢查了一下冰箱和貯存的食品，真少得可憐，於是開始動腦筋絞腦汁，中國超市離家太遠沒法去，我不諳瑞典語，也從來沒有學會網上購物，如何用附近普通超市中可以買得到的有限食材做出可口的中國菜？得像搞創作一樣，懂得即興、靈活，用自己有的烹飪經驗，變出花樣來好好吃。

戴了口罩拖了購物車，到超市買了很多日常用品和食品，乾綠豆可以發綠豆芽，豆芽燙熟了涼拌著吃（買不到香乾），也可以炒肉絲（買不到榨菜）；乾黃豆可以打豆漿，做豆腐，豆腐做法可以千變萬化，營養價值高，也是平時大家喜愛的食品。老記得「自己動手豐衣足食」這句老話，於是動起手來。

先介紹用綠豆發豆芽，這幾個月我試了好幾種方法，結果這個方法最簡便，產量最高。

Välj eko
Välj eko

發綠豆芽

食材：乾綠豆 3/4 杯

製法：找到家中不用的燒水壺，洗淨綠豆，打開壺蓋放入壺中，放 4 杯清水浸泡，將壺口蓋住，浸泡四小時後，打開壺口，將水倒出，記住要用手指輕按住壺口，以免綠豆隨水流出。此後壺蓋不開，壺口不關。

每天早晚各一次：冷水從壺口注入，漫過壺內綠豆；然後水由壺口慢慢完全倒出。

兩天後可以感覺得到，豆芽開始發了，水需要量增多。

同樣步驟每天重複，看天氣溫度情況而定，4 至 5 天後揭開壺蓋，滿滿一壺白嫩豆芽。

（我喜歡把豆芽尾端部份掐掉，當然要花不少時間掐，但口感會好很多。）

涼拌綠豆芽

食材：綠豆芽 500 克、蔥花 1 湯匙、白胡椒粉 1/2 茶匙、麻油 1½ 湯匙、鹽 1/2 茶匙、糖 1/2 茶匙、醋 1/2 湯匙、醬油 1½ 茶匙（喜歡吃辣的加上新鮮辣椒絲）。

製法：1,500 克水滾後放入豆芽，不蓋鍋蓋，再次水滾即速倒在漏盆中，涼水沖冷後放在冷水中十分鐘左右，可以去豆腥味也更爽脆。

豆芽瀝乾後拌入蔥花、白胡椒粉、麻油、鹽、糖、醋、醬油。（燙好的綠豆芽也可以拌在冷麵、炸醬麵中）

肉絲炒綠豆芽

食材：里肌肉絲 150 克（牛肉絲、雞肉絲、豬肉絲均可）、生綠豆芽 250 克、洋蔥半個約半杯、胡蘿蔔或燈籠椒半個、醬油 1 湯匙、中國燒菜黃酒 1 湯匙（用外國 Dry sherry 也可以）、糖 1/2 湯匙、白胡椒粉 1/2 茶匙、麻油 1/2 湯匙、炒菜油 3 湯匙。（如果喜歡可以加適量雞精）

製法：肉切細絲後放入容器中，用醬油、酒、糖、白胡椒粉、麻油醃半小時或更久。

鍋中下 2 湯匙炒菜油，洋蔥絲炒香，下醃好的肉絲，炒至稍微泛白後盛起。

鍋中再下 1 湯匙油，先炒胡蘿蔔或燈籠椒絲，稍後放入生綠豆芽，加鹽和適量雞精，半熟時放入炒熟的肉絲，快速拌炒均勻後盛起。

製作豆漿

食材： 乾黃豆 250 克

製法： 黃豆洗淨後放在冷水中浸泡六小時，或者淨泡過夜，水須要漫過黃豆四至五寸，天氣熱可以置入冰箱中。

倒出水沖洗、瀝乾，黃豆發到原來二至三倍左右份量，準備 1,750 克冷水（多少可以按個人喜愛濃淡度調整）基本上豆和水的比例為一比七。

將豆子和冷水份批放入打果汁機或攪拌器中（次數按照容器大小而定）打磨，時間根據機器情況而定，打磨成細漿沒有粗顆粒就完成了。

將豆漿放在大鍋中溫火煮開後再煮十分鐘，怕鍋底易焦糊可以不停攪動（大火容易溢滿出）。煮好後可以放涼用。

A）用極細絲網濾斗濾出豆漿，根據愛好製作鹹或甜漿、也可製作豆腐。留在濾斗中的豆腐渣另作用途。

B）不過濾的豆漿比較有口感，味道濃郁，更為營養，但要注意攪動後再倒出，下面的豆漿渣可以跟豆漿一同注入。

（我和媽媽都偏愛 B，省事，尤其我們喜歡喝熱辣的鹹豆漿。）

炸豆渣丸子

食材：乾豆渣 200 克、雞蛋 2 個、玉米粉 1 湯匙、芹菜 1 根、胡蘿蔔半根、葱 2 根、白胡椒粉 1/4 茶匙、鹽 1 茶匙、麻油 1/2 湯匙、雞精少許（可免則免）、油 3 杯。

在疫情期間豆渣絕對是寶，它蛋白質豐富，低脂肪，高纖維素。

製法：擠乾豆渣水份，雞蛋打成蛋液，葱切碎末，芹菜、胡蘿蔔、玉米粉、白胡椒粉、鹽、麻油、（雞精少許），把材料攪拌在一起。

鍋中放油，將豆渣做成乒乓球大小的丸子，放在油鍋中中火炸黃（油太滾丸子容易散開），全都炸好後，開大火將丸子返鍋再炸一次，至金黃色撈出。

蘸醬可以根據個人喜好：甜酸、椒鹽、蒜蓉辣椒或不放也可以。

蛋豆腐

食材：豆漿 400 克，雞蛋 4 個，玉米粉 1 湯匙、鹽 1/2 茶匙。

製法：雞蛋打散後倒入豆漿中，加入玉米粉、鹽，繼續攪拌均勻後，準備倒入方形或長方形容器中。

容器中鋪上烤箱用的紙，將紙鋪墊平整；備小漏網，將液漿通過小漏網注入容器中。水燒開後放上蒸鍋（蓋子留一點點縫，以免豆腐起泡）大火蒸十五至二十分鐘後即可。放涼後放入冰箱。

（豆腐可涼拌、紅燒、油煎、煮湯……曾經有人形容豆腐如女人，除了誇獎女人又白又嫩外，豆腐的做法千變萬化，可能跟女人的脾性變化萬千有異曲同工之妙！）

蒜蓉絲瓜蛋豆腐

食材： 絲瓜 1 個、蛋豆腐 150 克、薑末、蒜蓉各 1 茶匙、鹽 1/2 茶匙、水 2 湯匙（如果有自製高湯最好）、太白粉 1 茶匙、麻油 1/2 茶匙。

製法： 先將絲瓜切條狀，自製蛋豆腐切小塊備用。

熱鍋下油，爆香蒜蓉，放人薑末和絲瓜略翻炒，放入蛋豆腐、鹽、水或高湯 2 湯匙，待食材全部燜煮熟透拌勻，再加入太白粉勾芡，淋上麻油，盛起。

伍 獨享長壽麵

媽媽的生日是一九二二年陰曆三月十九日，今年正好是在陽曆四月十九日星期日這天。她實歲九十八、中國人講虛歲九十九，傳統上中國人過大壽講究過九不過十。因此我們青秀山川姐弟四人，很早就在商量如何給媽媽慶百歲大壽。方案提議一大堆，我早就聲明我羅馬的工作要到三月底才結束，然後要回瑞典家兩週左右，才能去紐約，江秀家住雪梨鞭長莫及，責任就落在山、川兩弟身上。

人算不如天算，疫情一來一切的一切全都落空，有如雞飛蛋打。我回到斯德哥爾摩後哪裏都去不了。江秀是牙醫退休後經常做義工，二月份就去了柬埔寨一個偏遠的村莊行醫，打算先飛羅馬看《圖蘭朵》，然後到義大利西西里玩幾天，媽媽生日前飛紐約，結果他到今天為止還困在柬埔寨當「難民」，疫情中沒有飛機回家。兩個弟弟也因為媽媽在紐約住的老人公寓規定拒絕訪客，無法跟媽媽見面，更不要說歡聚一堂慶祝大壽了。

我左思右想不如做碗長壽麵給媽媽慶生，傳統的說法臉即面，面和麵同音，於是大家就借用長長的麵來祈福長壽，逐漸地又演化為生日吃麵的風俗習慣，稱之為「長壽麵」。我在西安旅遊時在

疫情期間每天給紐約的媽媽打電話，
這是她七十年代給我手織的套裝。

麵館見過長壽麵，整碗只有一根麵，吃的時候最好不要弄斷。媽媽生日那天我給她打電話，祝她生日快樂，我問她：「今天吃甚麼慶生？」「哦，一個人簡簡單單一碗長壽麵就蠻好……」，我說：「我也是打算為妳吃長壽麵，多做點給漢寧帶回家。」那天跟媽媽聊了許久許久，跟漢寧一樣對疫情的事跟媽媽隻字不敢提封口如瓶。跟媽媽談話她永遠給你正能量，她的心態永遠是面對再困難的事，絕對不能自暴自棄，需要有逆流而上的勇氣，這樣對己對彼都有益。

我沒有廚藝技巧做一根長長的麵，更不知道如何吃整碗一根麵的時候不弄斷。選擇做涼拌麵是純粹考慮到芝麻醬營養豐富，攜帶方便，漢寧可以帶去醫院，餓的時候填飽肚子。雖然瑞典四月天氣還涼颼颼的，不是吃涼麵的季節，但為實際需要，我還是決定做。但外國超市哪有芝麻醬賣，於是買了包白芝麻自己做芝麻醬。

漢寧很高興我給他做芝麻醬涼麵，但說家裏煮麵很方便，只要給他芝麻醬汁和配料就行了。我分放在盒中，另外給了他一瓶沒有調味的芝麻醬，可以搽麵包、拌茄子、做棒棒雞用。其實我知道他老嫌我煮麵不看鐘，從不掌控時間，麵煮出來的質量不保證，所以情願自己在家煮。跟比雷爾一樣他喜歡烹飪，從小主動給他爸爸當下手，但不肯給我當，因為我燒菜方法老是手抖一抖、眼睛看一看、嘴巴嚐一嚐，從來不量也不秤份量，看得他一頭霧水；而比雷爾做飯有如在做實驗，要量、要秤一絲不苟，程式、溫度一板一眼、中規中矩。我老嫌他「道具」用得太多，攤了一桌子，要洗了擦乾再收好太麻煩。

媽媽生日那天傍晚時分，我在樓上遠遠的看到漢寧的車來了，拎著放在袋中的盒子飛奔下去，放在門外停車處，他看我走開站到大門口後，才敢開車門下車取袋子，然後關上車門揮手道別。當晚漢寧給我打電話：「媽媽，今天全家吃的好開心，謝謝！我跟外婆也通了電話，祝她生日快樂，還跟她說吃了媽媽做的長壽麵⋯⋯」

媽媽生日的晚上我一個人吃涼麵，為免太冷清給自己煎了椒鹽大蝦當前菜，這個菜易做且討巧，無人不愛也是媽媽的最愛，是很好的下酒菜。

記得十二年前比雷爾去世後的夏天，我的好朋友瑞典人民歌劇院的音樂總監 Kerstin Nerbe 陪伴我在島上住，她是愛吃又愛做飯的人，色香味俱全。當時我提不起精神打點生活上的事，馬馬虎虎過日子。某天聊家常，她提醒我要振作起來，一個人吃飯也要煞有其事，杯盤碗筷、燭光、餐巾，和以前一樣吃飯缺一不可。她說自從她單身以來學會了這一招，生活的質量和吃的樂趣是多方面的配合，同樣的菜端著盤子坐在電視機前或電腦前吃，只能叫「扒」，因為食不知味；精心做出的菜，放在美的容器中才賞心悅目並增加食慾。吃是人的基本，最大本能和享受，千萬不能虧待自己，把每一天過得有滋有味。這番話我聽進去了，記住了，也努力在做。

媽媽生日晚飯時，我特意穿了套紅酒色的針織套裝，三件式一套：長裙、背心、外套，是媽媽在七十年代給我手織的，她大壽，紅色喜氣洋洋，更想到「慈母手中線，女兒身上衣」這句話，鋪上桌布、擺上喜歡的餐具、點上蠟燭、喝著紅酒、配著香酥的大蝦，暫時忘記了獨自一人的清冷，頓時身上心頭都感到暖洋洋！

芝麻醬

食材： 白芝麻 250 克、植物油或芝麻油 3 湯匙。

製法： 白芝麻漂洗乾淨後，瀝乾，炒鍋開小火，白芝麻入鍋翻炒，炒到水份乾後，持續翻炒直至芝麻表面泛油光，飄出香氣顏色變黃，熄火盛出芝麻後，攤開降溫，等芝麻完全涼透。

將芝麻放人攪拌機，不需要添加任何調味料，但為易攪拌可以加入植物油或芝麻油，（為容易長時間保存不要用水）攪打至芝麻粒完全粉碎最後成泥狀。放入瓶中入冰箱。

芝麻醬涼麵

食材： 胡蘿蔔 1 根、黃瓜半根、生綠豆芽 150 克、葱花、香菜各 1 湯匙、芝麻醬 4 湯匙、（超市買）花生醬 1 湯匙、醬油 2 湯匙、醋 1 湯匙、蒜泥 1/2 湯匙、糖 1/2 湯匙、冷開水 1½ 湯匙。

製法： 芝麻醬汁調法：芝麻醬、花生醬、醬油、醋、蒜泥、糖、冷開水放在一起調開後待用。

胡蘿蔔、黃瓜洗淨去皮切細絲，不須燙煮；生綠豆芽少許，汆燙後再浸泡冷水然後瀝乾。

熱水中放少許鹽煮麵，撈出來馬上沖冷水，瀝乾後再倒入少許油拌好，以防黏貼。

麵冷後倒上芝麻醬汁，與其他食材、黃瓜、胡蘿蔔絲、綠豆芽、葱花、香菜（或者加雞絲）拌勻。

如果喜歡用雞絲加入涼麵做法：新鮮雞腿兩隻，各用 1 湯匙鹽搽勻兩面（如果有花椒更好，各用 1/4 湯匙），用保鮮袋盛好放入冰箱醃至少一天。

洗掉雞腿上的鹽和花椒，用大火隔水蒸十五至二十分鐘。蒸雞時一定要保留雞皮，蒸出來更嫩滑。待涼後剝掉雞皮，取雞肉手撕成絲（或切絲）。（雞骨不要扔，留下來煮高湯時可用。）

椒鹽大蝦

食材：大蝦 10 至 12 隻、麵粉 1½ 湯匙、白胡椒 1½ 茶匙、鹽 2 茶匙、油 2 湯匙。

製法：剪刀剪去蝦上的鬚腳，洗淨，從蝦背剖開到尾部，不要切斷背部的殼，挑抽出泥腸。

用紙吸乾蝦身上的水份，放入塑膠袋中，加麵粉在袋中，抓住袋口搖口袋，讓麵粉薄薄均勻的裹住蝦。

中火燒熱炒鍋後加油，燒熱後再將蝦放入煎熟，兩面要煎到殼變白色且蝦味出來，此時灑入白胡椒和鹽，開大火快速翻炒拌勻，即可起鍋上盤。

蝦肉嫩而皮酥脆。

陸

只為更好地活著

如果我人在瑞典，大部份的時間都在猞猁島（Loskär）上住，常常一個人住在那裏好多個星期，室內看書、寫作、搞創作外，也在室外掃葉、清理樹枝，油漆家具和露台……手不停腳不停。外加季節對時在樹林中採集野梅、野蘑菇，清理加工也很耗時間，但我喜歡這種悠閒和帶有豐收的喜悅。有大自然和書陪伴，日子過得充實，在猞猁島上我有太多美好的回憶，所以一點都不覺得孤獨。

但今年我沒有如往常一個人去住，一來，漢寧沒有時間送我，因為需要運必需品上島，用的吃的和看的重量和體積都蠻可觀。二來，隔海鄰居一直對我照顧有加，常常主動幫助我購物、過海和拉船之類，我也每個夏天請他們過來吃中國菜喝酒聊天，但在通電話時明顯的感到他們「不便」見面，也許是在高風險年齡段罷。我也開始擔心，自己年紀大了，一個人在孤島上，萬一有甚麼事如何是好？

結果被困在城中後，新發現了好去處，原來家裏水塔改造的公寓後面有個湖，自從一九九五年我搬到那裏，已經二十五年了，竟然一次都沒有造訪過，每次開車路過看到一角，從沒有停下

推著孫女禮雅到 Råstasjön 湖邊的小徑

來過。其實弟弟江山來瑞典探望我時，跟我提起過可以繞著妳家後面的湖轉，他喜歡跑步和騎單車，我只當耳邊風不當一回事。現在需要找地方散步也散心，忽然想起來，問漢寧怎麼去？他告訴我，屋後有石階，沿著石階往下走，走到底後穿過馬路，全程不用五分鐘就到湖邊了。

聽了他的話，換上運動鞋、穿上保暖的衣服、戴上帽子圍巾出發。三月北歐乍暖還寒，樹枝還沒有抽綠芽，但已經有了蠢蠢欲動的苗頭；湖邊小徑上已經有了早春的氣息，紫色的、黃色的、白色的小野花已經貼著地面探出了小頭；空氣清爽又清冽，啊——禁不住要深呼吸。

湖邊有塊牌子寫著湖名：「Råstasjön」配上地圖，還介紹這個公園的鳥類和植物品種，然後寫明：不許划船、游泳、垂釣，這是多種鳥類聚集地，需要保護。

成千上萬的各種鳥在呼叫、啼鳴、合唱、獨唱、覓食、飛翔、游泳……一隊隊、一雙雙、一個個、一群群，各得其所互不侵犯，不得不讓我聯想翩翩。

環顧這個混亂的世界越來越讓人擔憂、不得安寧：黑白顛倒、是非不分、你搶我奪；加上形形色色的貿易戰、難民潮、被死亡、假新聞、示威、暴動……究竟是天災人禍、還是人禍天災？處處觸目驚心、日以繼夜層出不窮。為甚麼不能像鳥兒一樣和平共存？大家共用一湖水，共用同片天，人類同舟共濟才能彼此相安無事、安渡難關。尤其面對這個史無前例的新冠肺炎疫情在世界上氾濫蔓延，更加需要勇氣、憐憫、包容、互助，而不是一味瞞瞞瞞、謊謊謊、甩甩甩！想到最近不知道是誰，在我的書桌上放了一張卡，上面寫了兩行字：「大悲之後大愛。只為更好地活著。」一說的好，照錄在此，為這次的疫情作座右銘！

走走、看看、停停、想想，圍湖繞了一圈差不多需要一小時，頓時感到心胸舒坦起來。此後，

只要天氣允許成了我每天的例行公事，尤其是檢測後，漢寧一家免疫，我們可以一起去湖邊散步、餵鳥。四個多月了，看到了季節明顯的變化，樹由嫩綠、淡綠到深綠，現在鬱鬱葱葱；野花陸陸續續的由微笑漸漸到張開大嘴，五色繽紛四散開來，在湖旁、在草間，讓我驚喜又驚艷；湖中先有了浮萍出現，沒有幾天的時間有了荷葉，仔細尋找蓮花含苞待放躲躲閃閃在捉迷藏；又一段時間，朵朵蓮花把一湖水點綴得美輪美奐，這才發現注意到原來歐洲的蓮花品種與中國的不完全一樣，馬上讓我聯想起莫內畫的睡蓮。幾個月下來恍悟人生可以這麼簡單、自得其樂的過，那些華衣美飾全無用武之地。該重新審思、叩問自己：要甚麼？甚麼叫幸福？人生的價值究竟又是甚麼？

一天，我在湖邊遛達，突然遠遠看見一位銀髮族的老朋友瑪格麗特（Margareta Olsson）在湖邊餵鳥，她回頭看到我，我們倆都不約而同的驚呼起來奔向對方，但沒有往日的熱情擁抱，用胳臂互撞了一下，算打了招呼。因為疫情我們很久沒有見面了，雖然我們住在同一區。她的丈夫培樂（Pelle Olsson）是比雷爾摯友，他們初上醫學院就是同班同學，畢業後又同在卡羅林斯卡工作，有些項目還一起研究，兩人談得攏、合得來、玩得歡，也早就是無酒不歡的「酒肉朋友」。一九七六年我在紐約認識培樂後，一九七七年認識了瑪格麗特，我們也成了推心置腹的好朋友，我們和他們夫婦，一同旅遊也經常性的相聚，有時不一定非要吃飯，聊聊天喝點酒，天南地北不拘小節的聊天就很開心。瑪格麗特也是早早訂好了機票打算來羅馬看《圖蘭朵》演出，計劃落空後我們只通了電話，這意外的不期而至的相遇更令人開心。原來她也是經常性的來湖邊散步，以前因為遛狗，狗死了，也習慣性的喜歡到湖邊走走，她告訴我：「培樂近來身體不好，腦子有如往常一樣敏捷有條有理，但行動不便很少外出，尤其疫情之下膽戰心驚，他常常擔憂漢寧的情況但又不敢問……」老朋友有太多話想聊，於是我們約好後天到湖邊一起野餐進午飯，隨便帶點甚麼一起吃，聊天為主，當時就定下了會見地點，以免到時互相捉迷藏。

約好上午十一點在路口見面，再一起走到湖邊，對著我住的水塔公寓的正對面有張長桌，在隱蔽處幽靜得很，我說：「早就注意到這個位置，常常在這裏歇腳也餵餵鳥。」我們在長桌上攤開食品，那天投瑪格麗特所好，我帶了自己切片的三文魚備日本芥末醬和醬油沾著吃，日本甜酸薑片普通超市不賣，我自己做甜酸辣白菜替代，另外帶了滷茶葉蛋赴約；瑪格麗特帶了瓶白葡萄酒和一盤沙拉配自製麵包，另外投我所好還帶了一小包熱燻三文魚划水，這是我情有獨鍾的瑞典下酒菜，一般超市買不到，她特意去覓來，魚的划水部位肥而不膩、十分滑嫩。我所有的中國朋友和家人都酷愛這一人間美味，回去紐約前我總是到漁村的魚店中預訂一大堆，用真空密封袋裝好，在紐約大家你一袋我一袋，轉眼就分光了，好像再多也不夠分似的。兩個老女人事先並沒有討論過野餐菜單，結果老朋友知己知彼互投所好，居然有兩個三文魚菜式，好在完全不同味道。邊喝邊吃邊聊，不知不覺中發現已經接近下午四點，一頓午飯吃了近五個小時，真難得，我們相約以後要在這裏以同樣形式常聚。告別時，我拿出盒炸魚、火腿吐司要她帶給培樂吃，外國人比較喜歡吃炸的食物，中國的春卷、炸蝦丸之類都頗受歡迎，在烤箱中加熱也很方便，完全可以保持食香、酥脆。記得這個炸魚、火腿吐司，是培樂喜歡的菜式，想到比雷爾過七十歲生日時，我請了七十位客人來家晚餐，租了餐具和桌椅，請了兩位服務員上菜，自己忙了足足一週才把那頓生日宴搞定，那晚炸魚、火腿吐司是當小點，喝餐前酒時作配搭，結果男女老少都喜歡，銷路特別好，有點應接不暇，幸好我準備的份量夠。這個習慣是在上海大家庭養成的，外婆有甚麼喜慶日子，菜式一定準備的豐盛不已，還份量十足，老怕客人吃不飽，記得她老唸叨：「要麼不請客，請客就要大大方方，要大家『死吃！』跟客人也用命令的語氣：「吃過癮，『死』吃啊！」有了這次成功經驗，以後有甚麼重要的家庭活動，我就會做炸魚、火腿吐司配酒或者當一道熱菜上。漢寧醫學院畢業那天我又做了，其實菜有時已經不光是簡單的食物，而是生活和情感的寄託。

二〇一三年初夏，漢寧畢業那天的家宴主菜是他和女朋友莎米娜合作做的西班牙海鮮飯，那年比雷爾已經離開我們五年了，培樂當作家長在畢業宴會上致詞，那天我一直在想如果漢寧爸爸看到兒子畢業該有多好、多高興、多得意、多驕傲啊！

培樂跟比雷爾的那份友情太深厚了，選擇請他致詞是別無他人可以替代的，一九八四年我懷孕，比雷爾之外他是第一個得悉的人，看到漢寧出世、見證他一天天長大……記得比雷爾在最後階段與他在電話中告別時，培樂深情的說：「你還沒有離去，但我已經開始想念你了！」聽的我鑽心的疼。

如今最最使我在想到時仍然感到不安和對培樂歉疚的事，發生在二〇〇九年春天復活節剛過去，那是比雷爾往生半年之後，海上的冰剛剛融化，培樂就迫不及待地要去島上教我開船，否則不能夠完成我對比雷爾的承諾——保留猞猁島。我一直依賴比雷爾來往於水上，對水上生活開船、打魚之類全不會，因為怕水至今不會游泳，大家都笑我是「旱鴨子」。培樂和瑪格麗特帶著狗開車和我一起到了 Singö 碼頭，我們的擺渡小船就停在那裏，培樂開船讓我先過去猞猁島，要我穿上救生背心到岸邊等候他，他再回去接瑪格麗特和狗過來，我就可以開始跟他上第一課了。

不料我上屋裏去穿好救生背心回到岸邊時，只見空無一人的一葉扁舟在兩岸之間的海上打轉，

瑪格麗特站在彼岸狗在狂吠，我還在納悶腦子還沒有轉過彎來時，只見另外一艘小船飛馳過去將落水的培樂打撈起，這才意識到發生意外了！住在另一小島上的隔海鄰居拖著我的船將培樂先送過來，又回去接瑪格麗特。

我急忙把比雷爾的衣服給培樂換上，就忙著打開暖氣，同時生火燒壁爐。鄰居說僅僅一線之差，這麼冰冷的水大概最多四十秒存活機會吧。那天也巧，隔海鄰居就在岸邊準備啟航，他們看到馬達開著，船在水上轉，就馬上知道有人落水，趕來營救。我跟鄰居素不相識，只好互換電話，約好改日再隆重致謝。

培樂坐在壁爐前圍裹著厚厚的毛毯還冷得直打哆嗦，完全給嚇著了。我慶幸培樂命大，倒了一大杯威士忌給他，平時我從不喝烈酒，但那天也破例倒了杯。我們三人在壁爐的熊熊烈火前靜坐到深夜，知道培樂的眼鏡、手機全掉在水中了，但撿回一條命比甚麼都重要，其他也就不顧及了。

當然第二天學開船是不可能了，培樂已經感到自己開始怕水，我只好央求隔海鄰居，結果他們好人做到底，拖著我的小船，給我們運回Singö。從此，培樂再也沒有下過海，當然也就再也沒有來過猞猁島做客，那可是他一年四季最喜歡探訪的地方。同年夏天，培樂自己的大小船隻也通通賣掉了，想到他一生最大的嗜好是駕著帆船航海，我自責不已！

每次我跟瑪格麗特單獨見面時仍然會談起這個有驚無險的戲劇性事件，但在培樂面前絕口不提，他是位十分敏感的人，發生之後就再也沒有提過這件事，這個突發事件給他造成的心理上的陰影不容低估，我們在他面前也就迴避為上上策。

我是個不到黃河心不死的人，培樂為教我開船付出了如此昂貴的代價，我更加要不負他望也是比雷爾所望。那年夏天，畫家許彥哲教會我開船，他說：「當年比雷爾是我師父，現在教妳絕對是應當的。」二〇〇九年暑期後，我學會了開船，基本上就可以來往於 Singö 碼頭和猞猁島之間了。

酸辣白菜

食材：中國白菜 750 克、鹽 2 湯匙、切細的去皮薑絲 1 湯匙、切細的新鮮紅辣椒 3 個、白糖 3 湯匙、花椒粒 1 茶匙、白醋 3 湯匙、食用油 1½ 湯匙至 2 湯匙、麻油 1 湯匙。

製法：白菜一片片分開後洗淨、瀝乾，將白菜攔腰對切，然後切成手指寬長條後，放入容器裏。加入鹽在容器中拌勻，醃製三小時以上。

擠出白菜中的水和倒去容器中的水。

白菜上放切細的去皮薑絲，切細的新鮮紅辣椒（辣的程度按照口味購買紅辣椒）和白糖。

鍋加熱倒入食用油，油熱後加入花椒粒爆香，花椒粒變黑後撈起。馬上將油對準澆在放薑、椒、糖部份的白菜上，倒入白醋攪拌均勻。

放涼後入冰箱可以儲存一週左右，上盤時可以淋上麻油增加香味。

六角型盤子是比雷爾在二〇〇四年燒製

滷茶葉蛋

用蛋 10 個，取好意頭十全十美，尤其在疫情期間很需要。茶葉蛋簡單易做、攜帶方便、營養豐富、老少咸宜，皮剝掉後無規則的碎裂紋尤其美觀。

食材：雞蛋 10 個、五香 3 至 4 粒、月桂葉 2 片、早餐袋茶 2 包、黃糖（白糖也可以）1 湯匙、鹽半湯匙、深色醬油 1/2 湯匙。

製法：蛋煮約八分鐘，熟後放入冷水中，取出後逐個蛋輕敲使蛋皮碎裂，然後拿牙籤在每個蛋上戳七、八下，有孔容易吸收滷味。

五香、月桂葉、早餐袋茶放在鍋中煮約十分鐘，水漫過雞蛋即可。放入糖、鹽，深色醬油（調色用）。水開後煮七、八分鐘然後滅火。讓蛋在湯汁中浸泡數小時或過夜，使蛋更入味。

炸魚、火腿吐司

食材：白吐司方麵包 5 片、義大利火腿（ Prosciutto de Parma）100 克、魚里肌（冰凍）2 片約 400 克（鱈魚或者比目魚都可以）、香菜葉 20 片、白胡椒 1/4 茶匙、鹽 2/3 茶匙、料酒 1/2 湯匙、薑片 3 至 4 片、蔥段 3 段、蛋白 1 個、澱粉 1 湯匙、水 1 湯匙、油 4 杯。

製法：白吐司方麵包，將四周的邊切去，然後斜角一切二，再切一次，每片麵包成 4 個三角塊，共 20 塊麵包備用。
用已經切好薄片的義大利火腿，分為二十份，香菜葉 20 片備用。

醃製魚片

用冰凍的魚里肌解凍後洗淨，擦乾水份，切成 20 片放入容器中。
放入白胡椒、鹽、料酒、薑片、蔥段，蛋白打散加入澱粉水調成糊狀，倒入容器中攪拌均勻，容器蓋好放入冰箱待用，在冰箱中放置約一小時。
三角麵包上先放 1 片魚，再放 1 片火腿，1 片香菜葉沾一下醃製魚片的糊，貼在火腿上。
炸吐司要用油鍋炸，中火加熱後轉成中小火，每次炸 4、5 片，香菜葉朝下，炸約半分鐘，看微黃後翻轉繼續炸，至麵包變淺金色後，取出放廚房紙上吸油。
全部炸好後，可以放在烤箱中保暖，要上桌前，很快再炸一次，注意再炸時容易焦。
（也可以將烤箱預熱到 350 度，然後放入預先做好的炸魚、火腿吐司，烘烤四至五分鐘左右即可上桌。）

柒

羊腿與蘑菇的故事

五月二日清早在瑞典家中打開電腦，見王洞紐約來信：「剛才聽說於梨華因新冠病毒病逝，很難過，畢竟朋友一場，看來不管養老院多昂貴，集體生活還是不好，將來我是絕對不進養老院……」我被這個突如其來的噩耗震呆了，整整一天在神傷和悲戚中度過，梨華爽朗活潑的音容笑貌、我們近半世紀的交往，一直在眼前、腦海中閃現。根據於梨華弟弟於忠華發出的公開信，我們可以知悉，於梨華大約在一星期前就開始不舒服了。兒子是感染病專科醫生，大女兒又是《華盛頓郵報》資深醫療記者，子女和弟弟決定不送梨華去醫院受罪，最後由醫生開了止痛藥物，所以她沒有受到太大的痛苦，於二〇二〇年四月三十日晚上十一點左右在家裏睡覺中離世。我想這是不幸中之大幸，多麼理智明智的人道決定！他們覺得唯一的遺憾是梨華往生時，親人都沒辦法跟她說聲再見並祝福她一路好走！看到這封於忠華的公開信，後來又知道是其中一個護理員傳染病毒給她的，更加使我坐不穩睡不安，想到我表弟媳的弟弟最近在紐約離世，是在得了新冠病毒後沒有及時去醫院治療，短短兩週後在沒有家人的陪伴下在醫院離世。他正值中年，留下了他摯愛的妻子、孩子以及所有的親友就走了，我替他叫屈！疫情開始之後，我再也不敢找人定期打掃公寓，生怕被傳染，反正沒有訪客隨便一點無所謂。但媽媽在紐約每天接觸護理員怎麼辦？想到日日夜夜在一線的兒子我能不膽戰心驚嗎？

得到噩耗後馬上寫了篇〈梨華　夢回青河〉緬懷她，我在文章結尾寫道：「親愛的梨華，一路走好！你不是老說『在美國異鄉，我只能落葉而不能歸根』嗎？願你在睡夢中魂歸故里——青河，聽青河竊竊私語，看青河源遠流長」。唉——怎麼左一個青、右一個青？寫完了，我這個青才意識到。

是五月八日清晨完成的稿，五月九日正好是孫女禮雅兩歲生日，我們不能見面，我也無法上街買禮物送給小寶貝，最近一直在盤算該怎麼慶祝呢？

漢寧說五月九日他要上班，但下午五點可以下班回家。我想起來了往年過聖誕節，我最怕吃美國火雞因為肉太柴，也不喜歡瑞典人吃整隻的烤火腿乾巴巴的，每次都自己設法「變」，八寶鴨代替火雞，紅燒羊腿代替烤火腿，結果每次都很受歡迎也算應了景，二〇一九年聖誕夜我跟漢寧一家度過，我燒了整隻紅燒羊腿內加白蘿蔔和胡蘿蔔，漢寧接我拿到他家當主菜，禮雅拿到塊羊骨頭，高興得尖叫然後抓起來忙啃，被她媽媽及時捕捉到拍了下來，我珍藏了起來，想到看看就窩心，我媽媽也最喜歡這張照，跟我說：「妳孫女才一歲半怎麼就跟奶奶一樣好吃？」那她兩歲生日時我也可以如法炮製，做紅燒羊腿，外加她喜歡吃的松子炒玉米，讓寶貝美美的吃一頓奶奶做的生日餐，不是很好嗎？自認是好主意，兒子也同意了下班後來我家門外取燒好的菜。

於是我戴著口罩去了附近的幾家超市買羊腿，但都沒有貨，其實羊腿並不好買，一般吃羊腿都是在秋冬季節。結果知道有一家超市有貨，但太遠如何去呢？想到好心人瑪格麗特，我告訴她是為慶祝禮雅兩歲生日，她馬上自告奮勇要開車送我去採購，並說：「禮雅一週歲時是我們一起給她慶祝的，今年因為疫情我們不能相聚一堂，但做點事也等於是給她的生日禮物！」瑞典市面上幾乎買不到口罩，我拿了兩包（一包十個）從其他地區寄來的口罩，送給了瑪格麗特，我們倆戴著口罩坐在她車上，不禁相視而笑，不約而同的說：「希望噩夢早日結束！」

在談黑松菌松子炒玉米這道菜做法之前，想先講幾段和蘑菇有關的故事，這是我家的一道招牌菜，主要因為黑松菌在島上秋天自己採集晾乾而成，特別香味濃郁，黑的顏色配玉米也漂亮。晾乾的黑松菌易收藏，因為自產、易帶，我也會常常拿來當手信，送給親友。乾的黑松菌泡開後味道比新鮮的更加純濃有個性，我喜歡跟其他採來的蘑菇放在一起做奶油蘑菇湯；做黑椒牛排時黑松菌碾成粉放在醬汁裏；或者用牛油炒後放在吐司上下酒；用上海話形容「一隻鼎」頂呱呱的意思。而新鮮黑松菌炒豆芽、雞蛋、肉片都美味；燒豆腐或放在肉餡中增味不少。我特別喜歡採集蘑菇，當然包括在樹林中徘徊、尋尋覓覓的樂趣。

一九七七年第一次在猞猁島上學採蘑菇，比雷爾是我的啟蒙老師，這也是他的嗜好之一，為了辨認蘑菇，島上起碼有十多本圖文並茂的瑞典文專題書，他看我對採蘑菇熱情高，為我又專門買了幾本英文的，可以好好學。從夏末到初冬，各式各樣的蘑菇根據不同的季節，在島上不同方位生長，實在花樣太多、學問太大、辨別太複雜、看走眼的機會太高。剛開始我常常採了一大籃，得意洋洋回屋，他一看發現百分之九十九不能吃，老說：「妳不能光看外表漂亮，就以為是好的，跟看人一樣……」漸漸地我採多了，聽比雷爾不勝其煩的分析多了，對島上的地理環境摸熟了，也開始知道，在哪個地方大概甚麼時節會有甚麼樣可以吃的蘑菇，而且三顆星以下的蘑菇，比雷爾叫我不

要採，說：「水準不夠，不值得吃，不需要浪費時間。」他知道我珍惜食物的習慣，看到可以吃的絕不輕易放過。看到媽媽跟我一起興高采烈地採集島上的各種野莓或者蘑菇，常會笑說：「妳們手下留情，採不光的，明年還會再生。」如今我大約對島上生長的七、八種蘑菇有把握，但最喜歡採的也是島上最多的蘑菇——五星級的黑松菌（瑞典文：Trattkantarell），每年九月底至十一月下旬是黑松菌季節，也分大年和小年，逢到季節我吃過早飯人就不見了，鑽在林中忘了時間。

二○○八年秋天，比雷爾葬禮後的招待會在家中舉辦，是比雷爾臨終前的再三囑咐：「葬禮後的招待會一定要讓朋友們吃好、喝好，千萬不要將就馬虎！」好朋友 Ingle & Åke Håkansson 伉儷是瑞典餐飲業老前輩，一切細節包括菜單、佈置、餐具都替我包辦。合作多次的女指揮 Kerstin Nerbe 精於廚藝，她用從島上採集、味道濃郁的黑松菌配蒜蓉、奶油加白蘭地製醬，她知道那是比雷爾的最愛，也是客人們最鍾意的食品，尤其是在比雷爾情有獨鍾的猞猁島上採集，特別有意義。大家誇獎招待會食物的精美，我只記得大盆黑松菌醬轉眼之間就一掃而空。我說：「這是比雷爾最後的宴請，我只是完成他給我的託付……」

比雷爾走後，在通常的情況下夏天之後我返回紐約居住，一來媽媽在紐約年事已高，近幾年已經不來瑞典小住了，雖然念念不忘島嶼生活和瑞典的仲夏節；二來在紐約我酷愛上劇場看形形色色的演出、聽音樂、觀賞歌劇，加上五花八門的畫廊和博物館，更不用說各色各樣好吃的餐館。秋、冬在紐約居住，已經多年錯過在猞猁島上採蘑菇的季節，看來今年我會留在瑞典，想不到居然疫情也有積極的一面——留下我來採蘑菇，盼望今年是大年。

這是個非常戲劇性的有關吃蘑菇的故事，很多年過去了，當事人在一起，每每談起當年發生的有驚無險的事來，還禁不住要笑。

九十年代，我在各地編舞、獨舞演出兩忙，在瑞典家中的時間很少，但如果回來，總會關心遠方來瑞典做訪問學者一年的朋友劉賓雁一下，馬悅然（Göran Malmqvist）在太太陳寧祖去世後，也經常需要關心。因此一天我提議請劉賓雁和馬悅然以及幾位談得來的漢學界朋友，一起在家裏便飯，比雷爾剛去了紐約，我們可以講中文，更自由痛快些。

為顯待客誠意，也別有風味些。那天招待大家的第一道菜是奶油蘑菇湯，主菜是在桌上自己燒烤。一來我當時太忙，沒時間張羅地道的中國菜，二來聊天要緊，若客人上桌吃飯而主人卻鑽在廚房裏，實在大煞風景。飯前悅然和客人們在樓上聊了許多，也喝了不少威士忌。下樓晚飯時，他們又盛讚蘑菇湯美味無比，我估計大概湯做少了，就淺嚐了一口，好讓客人們盡興的吃。

晚飯結束前，東方博物館的史美德女士（Mette Siggstedt）感到不適，要求在客房過夜，沒吃甜點就關門休息了。其他客人似乎也酒足飯飽聊得盡興，飯後大家一起離去。

不料，客人剛走美德就開始嘔吐，而且還蠻嚴重的，還沒由洗手間回到睡房就又折回洗手間，結果我找了個盆拿到客房裏，免得她一夜來回折騰。半夜，陳邁平打電話來，告訴我他送劉賓雁回家，他在地鐵上就忍不住想吐，我心想可能是劉賓雁最近心情不好，又多喝了點酒，沒挺在意，掛了電話便睡下了。

第二天清晨，美德起不了床，她一向有早起的習慣；邁平也打電話問我：「送完劉賓雁回家後我也嘔吐不止，會不會食物有問題啊？」「但是我和兒子漢寧完全沒事啊！」我雖然這樣回答，但隨即感到事態嚴重，顧不了時差，打電話到紐約找比雷爾求救。睡夢中比雷爾被電話吵醒，一聽描述就知道是嚴重的食物中毒，問我都吃了些甚麼？我一一報上，但強調我和漢寧完全沒事，他說：「兒子是不吃蘑菇的，那肯定問題是出在蘑菇上。那妳呢，難道妳沒有喝酒？」「那當然喝了，有悅然在哪能不喝？」說到這裏我才猛然想起，昨天晚上我看湯的「銷路」那麼好，生怕份量不夠，因此只象徵性的淺嚐了一口，統統留給了客人，於是告知實情，比雷爾一聽此事非同小可，著急的說：「妳不記得我再三叮囑過妳，這種黑喇叭蘑菇可以吃，但萬萬不能和酒同時吃，一配起來就成了劇毒！」我一聽，倒抽一口氣，渾身上下直冒冷汗，想到悅然和客人們在飯前一杯又一杯的威士忌，回頭又看見躺在飯廳角落裏的一堆空葡萄酒瓶，急得說不出話來。比雷爾要我馬上打電話，叫大家上醫院，一刻都不能耽擱。

後來的情況可想而知，受災情形完全和昨晚喝的酒量及蘑菇湯成正比。劉賓雁得冠軍，上吐下瀉躺在床上足足一個星期，他還告訴邁平以為真的挺過不來了；馬悅然亞軍，病了三天有餘，急得找他的醫生兒子幫忙；其他的人沒喝太多烈酒，葡萄酒的酒精成份低，過了一天大致可以上班工作；而我這個闖禍原兇卻安然無恙。後來劉賓雁笑著對我說：「大概是妳好心有好報吧！」後來我再見到大家，除了直說「對不起」外，對於自己的粗心大意真是無話可說。

再說孫女生日那天，漢寧下班後給我打電話說馬上出發，一般情況下十五分鐘之內會到我家，我將燒羊腿的原鍋給他拿走，留下一小碗滷汁和幾塊蘿蔔準備今晚獨享孫女的長壽麵，我沒有動羊腿上的肉，免得破壞「形象」完美。疫情期間即使不是心甘情願獨善其身，但現實如此只好平心靜氣接受。

將放羊腿的鐵鍋和盛松子炒玉米的盒子放在門口汽車道上，漢寧停車取菜，我跟他有距離，只

好嚷嚷：「菜還是熱的，回家馬上煮麵，趕快吃。」「知道了，妳就趕快上去吧，妳那麼大聲，鄰居都在看。」「我才不管呢！」目送兒子開車離去。我上樓給自己煮慶祝孫女兩歲生日的長壽麵，煮好的麵條放在有蘿蔔的滷汁裏，淋上自製的辣油，再加上些香菜，點上蠟燭，獨享一頓簡單到不能再簡單的生日宴。一個小時後，在電腦上收到了兒子寄來他們全家給女兒慶祝生日拍的照片，其中有一張禮雅小手舉著羊腿骨笑開顏的照片。看著照片中孫女心滿意足的笑顏，我醉了！

喜歡啃骨頭的饞寶貝

紅燒羊腿（燉胡蘿蔔、白蘿蔔）

食材：羊前腿一隻約 2 公斤、洋蔥 1 個、胡蘿蔔 2 至 3 根、白蘿蔔 1 根。食油 1½ 湯匙，剝皮大蒜 5 至 6 瓣，生薑 4 至 5 片、五香 5 粒、丁香5粒、月桂葉3片、花椒、桂皮、黑胡椒粒各少許、料酒3湯匙、深色醬油 2 湯匙、蠔油 2 湯匙、黃糖 1 湯匙、鹽 1 茶匙、喜歡吃辣可以備乾辣椒 3 至 4 根。

製法：羊前腿（前或後腿製作方法相同），剔去羊腿外厚厚的肥油和筋，放在大容器中用冷水浸泡，約一個小時後倒出浸泡時淌出的血水，洗淨；再放入容器中注入冷水，浸泡約半小時後取出；同樣步驟反覆多次，至沒有或很少血水淌出。羊腿取出洗淨後待用。

用大鍋燒水，水燒開後放入羊腿，等水再滾後煮三分鐘，有大量泡沫浮在水中，取出羊腿，洗淨。倒掉煮羊腿的水，鍋洗淨。

洋蔥切塊，剝皮大蒜，生薑切片，鍋加熱後放食油，油熱後放入大蒜、生薑、洋蔥一同爆香（喜歡吃辣可以放乾辣椒一同爆香）。放入羊腿跟爆香的佐料一起煸煎一下，四面八方都煎到，可以幫助去腥，肉更香。

注入冷水，剛剛漫過腿即可，放入滷包（我用外國人泡茶用的可關起來的小漏網）內放五香、丁香、月桂葉、花椒、桂皮、黑胡椒一起煮，放入料酒、深色醬油、蠔油、黃糖，鹽一同燒，燒開後轉中小火煮約二小時。

胡蘿蔔、白蘿蔔，洗淨削皮，切滾刀塊備用，蘿蔔可以去腥，和羊肉同燒十分美味之外，肉和蘿蔔相輔相成。

肉鍋中放入備用蘿蔔，燒開後熄火，讓蘿蔔浸泡在滷汁中過夜，但不會煮爛。

第二天，煮開鍋後，小火燉燒十五分鐘左右即可。

如果希望收汁可以開大火打開鍋蓋收汁。（小心蘿蔔大火煮太爛，可以撈起蘿蔔另外放，再收汁。蘿蔔另外放是免得熱羊腿時反覆燒，蘿蔔太爛了，不好看口感也差。）

在家中廚房爲孫女禮雅兩歲生日燒的羊腿，有綠邊的大方陶盤，
爺爺比雷爾二〇〇四年燒製

松子黑松菌炒玉米

食材：松子 50 克、玉米粒 250 克、黑松菌發開後約 1½ 湯匙、食油 1½ 湯匙、葱花 1 湯匙、鹽 1 茶匙、白胡椒粉 1/2 茶匙。

製法：黑松菌泡溫水發開後略切碎，小葱切碎，備用。

松子在炒鍋中用溫火炒至香味溢出並呈淡金黃色盛起放涼。

食油燒熱後，葱花放入鍋中略微爆香不要等變色，倒入黑松菌、已經解凍的玉米粒（可以用新鮮玉米切下玉米粒更佳，但不可用罐頭玉米），放鹽、白胡椒粉，拌炒約三分鐘盛入盤中，撒上松子在上面即可。

（松子固然香但有黑松菌，光是黑松菌炒玉米或沒有黑松菌光是松子炒玉米也無不可。煮菜沒有缺一不可的規定，就地取材、靈活掌控最關鍵。）

黑松菌（瑞典文：Trattkantarell）
長在松樹林中

左邊的頭像雕塑是比雷爾，放在樓上這個位置，他瞭望著島上的海景，還是凝視著我？

捌 避風港

意識到每天專下心來寫作。好像是疫情期間給我的最佳「避風港」，從三月六日回到瑞典後到六月九日，一口氣寫了五篇文章約二萬字：〈叫停?!〉、〈小咪姐，李麗華〉、〈梨華　夢回青河〉、〈鶴髮童心柯錫杰〉、〈青青相惜〉。承蒙香港《明報月刊》、大陸《上海書評》、《南方周末》、台灣《中國時報》「人間副刊」、新加坡《聯合早報》、美國《世界週刊》願意發表，朋友、家人和讀者的回饋給我增添了寫作的信心和添增了興趣。

一天突然心血來潮，掐指一算，咦——居然意識到加上以前的文章，好像夠出一本書了，於是擬下目錄。上床睡覺關電腦前，寄給了爾雅出版社隱地先生，第二天一早打開電腦，隱地先生的回信已經來了，說今年七月二十日是爾雅出版社創建四十五週年，可以出版我的書，由發信到接信之間不超過十小時，不免歡欣鼓舞！馬上請林青霞、鄭培凱先生為書寫序，他們一口應允，洋洋灑灑兩篇序為書增色添香不少，九十老友余英時先生還為我書名題字，朋友們的隆情厚誼，給我在疫情中加油添柴衷心感謝、感恩！

這是我和爾雅的第三次合作，在近二個月的時間中，校稿、整理照片寫圖說，編輯隱地先生和碧君女士的細緻、耐心、尊重和理解，都是鞭策我在筆耕中不斷向上的動力。一直沒有想出好書名，最後想用「唱我的歌兒！」結果半夜給青霞發微信，沒多久，鈴聲大作：「哎——『我歌我唱』更好，唸起來順口、聲音亮。」我全盤接受了她的提議。《我歌我唱》於今年七月二十日準時出版，這麼神速的原因是我們放棄了以前在紙本上校稿的老法子，由於疫情郵件基本上不能保證時間，況且瑞典收發郵件在指定超市櫃枱上，我不敢輕易往超市跑，在網上來來回回加快了速度。目前台灣和瑞典因為疫情已經完全斷了郵政，至到八月初，《我歌我唱》紙本書我還沒有收到，隱地先生說遺憾的是作者少了份出版後誕生的喜悅，好在紐約收到了，媽媽收到了女兒的書，一書在手希望可以聊作陪伴她在疫情中獨處的寂寞。

不可能一整天釘在書桌前不是寫文章就是校稿，我在散步之餘就是一門心思盤算：怎麼吃？然後身體力行下廚房，放鬆一下身、心、腦、眼。

看來疫情還會再持續一段時間，不如醃製些鹹蛋、酸菜、蘿蔔，可以存放在冰箱中慢慢享用。有一天買了兩顆白菜花回家，想做西式的奶油菜花湯，多做些可以冰凍起來，隨時隨地可以交給漢寧。冰凍過的菜花湯一樣好吃，熱好裝入湯盤，撒點新鮮黑胡椒粉，滴上幾滴橄欖油，配蒜蓉麵包好吃又營養。菜花的葉子我平時全扔掉，但疫情中，出去買次菜都要全副武裝，挺不容易，所以開始動腦筋，怎麼廢物利用？想到酸菜可以炒肉末、炒毛豆、燒魚片……雖然酸菜平時用芥菜做，但瑞典超市沒有芥菜賣，就試試利用廢物——菜花葉吧，十天之後，酸菜醃製好了，效果還不錯。

住在紐約的媽媽常醃鹹蛋，一次做二打，做好了我和兩個弟弟一家分半打，媽媽自己留半打。我沒有做過，但可以問媽媽，她說現在要是做了二打鹹蛋沒有地方送，不敢做這麼多，放久了怕不衛生，現在平時最多一次八個。

醃鹹蛋

食材：蛋（雞蛋、鴨蛋、鵝蛋都可以）20 個、鹽 200 克、白醋 50 克、白烈酒 50 克、花椒、八角、月桂葉各少許、水 1,200 克。

製法：先把蛋用水沖淨，放入白醋在半盆清水中，蛋浸泡二個小時（這樣泡過醋的可以縮短醃製時間），蛋取出後沖洗乾淨，完全瀝乾水份。

在太陽中曬二十分鐘左右，這樣雞蛋黃容易出油。

水和鹽的比例是六比一（200 克鹽，1,200 克水）放入鍋中，加花椒、八角、月桂葉煮開，鹽完全溶解後熄火，待水完全放涼。

用一乾淨容器，小心地把蛋排放好。倒進白烈酒到放涼的鹽溶液中，然後將鹽溶液注入到容器中。

務必把所有蛋被鹽水蓋過。上面的蛋會浮起的，可用一器皿壓著，蓋緊蓋子。半個月蛋就可以了（沒有泡過醋的蛋需要一個月）。

（蛋不要在水中泡超過四十五天，取出煮熟可以存放在冰箱中。）

鹹蛋蒸肉餅

食材：生鹹蛋 2 個，碎肉 400 克（豬肉、雞肉都可以）、葱、薑各 1/2 湯匙、白胡椒粉 1/2 茶匙、料酒 1 湯匙、麻油 1 湯匙（雞肉可用 2 湯匙麻油）、淺色醬油 1½ 湯匙、糖 1 茶匙。

製法：生鹹蛋蛋白蛋黃分開，葱、薑各切成碎末備用。

碎肉中加入鹹蛋白、薑、葱、白胡椒粉、料酒、麻油、淺色醬油、糖，同一方向攪拌均勻後，放入容器中置放半小時。

整鹹蛋黃或一切為二放在肉餅上，水燒滾後容器放入蒸鍋，蒸約十五分鐘。

醃製酸菜

食材：菜花葉約 250 至 300 克、粗鹽 1 杯。

製法：菜洗乾淨晾乾，高溫曬半天就足夠了。

找一個乾淨的玻璃瓶，不能有油備用。容器中分批加入菜和粗鹽揉搓一下，拌勻後入瓶。注入冷開水，浸過菜，蓋緊瓶蓋後放在沒有光線的陰暗處，十天後即成。放入冰箱中，用時再拿。

酸菜炒毛豆

這道菜主角是毛豆，但有酸菜會讓毛豆很入味、酸菜的酸鹹也會中和掉，很下飯，也可以當便當菜。

食材：毛豆粒 250 克、酸菜 100 克、葱花 1 湯匙、鹽 1/4 茶匙、淡醬油 1/2 湯匙、糖 1 茶匙、油 1½ 湯匙、紅辣椒絲 1/2 湯匙、麻油少許。

製法：鍋燒熱後放油，放入一湯匙葱花爆香，再放入冰凍毛豆粒 250 克，加鹽、紅辣椒絲炒一下，不要蓋鍋蓋讓毛豆保持綠色，注意將水份炒乾。然後下酸菜、加淡醬油和糖增色和增香、再拌炒一下，盛出前淋上少許麻油拌勻即可。
（這是一個非常好的配稀飯的小菜，冷吃味道一樣好。）

玖

美味、美妙、美好

我一直認為好的高湯是煮出好菜的關鍵所在，所以我的冰箱裏高湯幾乎永遠不斷，我是南方人，從小喜歡湯湯水水的菜式，尤其年紀大了之後，喜歡暖胃又暖身的湯。說起湯馬上憶想起二〇一八年冬天在香港，漢寧一家三口跟我在香港會合，一起歡度聖誕節，好友蔡瀾知道了，熱情的請我們到中環威靈頓街，在他新開張不久的蔡瀾河粉（Chua Lam's Pho）進午餐，還派專車接送，好周到好大的面子。

我們在餐廳的包廂裏等用餐前，因為孫女的媽媽莎米拉不諳中文，蔡瀾跟我們用英文描述他開這家餐廳前前後後用心良苦的經過以及湯的用料，湯底製法就在找了又找、嚐了又嚐後，才決定沿用澳洲墨爾本老字號名店勇記的秘方，（還特別聲明他說的是 208 Victoria Street 的勇記）湯頭要用五十公斤牛骨、牛肉及香料熬成，牛味濃香但一點都不油膩，香料有：九層塔、鵝芥、短芽菜、青檸，香草捏碎放入湯中。湯底非常清澈，香氣突出而有多層次感。

我們三人聽得津津有味。知道大家喜歡吃，蔡瀾把店中的每道菜都點了要我們嚐，到了上招牌菜越南牛肉湯河粉時，他吩咐夥計：「我的那碗只要清湯，其他不要放。」對我們說：「這樣才能

喝到湯的原汁原味，也是檢查質量的好方法。」至今還記得才七個月大的禮雅喝到清湯的表情：抿著嘴、閉上眼，搖頭晃腦的滑稽模樣，真是可愛極了！我說：「看她的樣子，長大後，一定又是一條饞蟲。」

寫到這裏，忍不住要引用蔡瀾年輕時的一段妙人妙語：「灼得剛剛夠熟的生牛肉，色澤如少女唇部之粉紅。河粉純白米製造，像她們身上的旗袍，如絲如雪。再將這一口湯喝進口，像一場美妙的愛情。」

比雷爾在世時，我基本上用魚做高湯，自己捕捉來的魚，太新鮮了，一點點腥味全無，一般都是用四、五種魚的混合煮出來的魚湯。

一般我們會把剛剛打上來的魚洗乾淨，做成魚里肌冰凍，將來吃生魚片或醃製，頭尾大多數扔掉。之外，有一種魚刺很多但異常鮮美，比雷爾老說是貓魚，打到就扔，其實很像中國的鯽魚。這些頭尾和各種所謂貓魚，我通通放在一個大鍋裏，放上切好的洋葱、月桂葉、整粒的黑胡椒、少許料酒慢慢燉煮，時間不定湯煮成奶白色後熄火。

魚湯經過濾網，倒入大容器中，渣扔掉。

湯冷卻後，如果暫時不用，裝瓶冰凍，需要時取出，燒魚片湯、煮稀飯、燉豆腐都鮮美無比。

比雷爾還喜歡用松枝燻烤魚，新鮮的魚燻烤特別美味，也可以儲存很久。很多年前，我當助手跟比雷爾一起蓋了個小燻屋，他和弟弟 Lars 為了上下方便，特意用島上的木材鋪了條小路，如今沒人捕魚當然燻屋也就閒置下來。

隨著漁夫——比雷爾的離去，變成了一道不可複製的魚湯和一座永遠閒置的燻屋，燻屋現在看

習慣了成了猞猁島上一道「景」，不捨得拆去，美味只能留在美好的記憶中。
下面讓我來介紹一下一般高湯的做法和用法。

小路的盡頭是小爊屋，
如今閒置著，往事只能留待回味。

高湯

食材：骨頭份量不一定，雞骨頭、鴨骨頭、肉骨頭，哪個部份的骨頭都可以，如果燒菜時剩下來的骨頭積集的不夠多，可以再放塊火腿或加隻雞腿之類一起煮，視食材多少放入薑片、葱段、料酒。

製法：骨頭煮時容易有渣起泡沫，最好用沸水汆燙後，取出洗淨再煮，清水中放入薑片、葱段、料酒，滾開後蓋上鍋蓋，轉小火熬煮一至二小時或更長時間。一般我不加鹽，因為將來高湯是「百搭」，搭配各種各樣的菜式，或當味精使用，放在菜中提鮮味。

高湯魚丸粉絲

食材：家裏附近的超市沒有鮮魚賣，只好用冰凍魚片做魚丸。

龍利魚片或鯛魚片（冷凍）600 克、粉絲 1 把 50 克、葱 3 根、薑片 5 至 6 片、蛋 3 個、鹽 2 茶匙、白胡椒粉 1 茶匙，料酒 2 茶匙、高湯 2 碗、黃瓜片或綠色蔬菜少許、葱花、香菜各 1 茶匙。

製法：粉絲用溫水泡十五分鐘，軟後取出，中間剪斷備用。

魚丸製作法：龍利魚片或鯛魚片，用紙巾擦乾一下再切成丁，放在攪拌機內備用（可以分為三份，視攪拌機大小而定）。

300 克冷水泡葱段、薑片二小時左右，把葱薑撈起，汁和水份三份倒入攪拌器魚丁中，所有以下材料也分為三份：光用蛋白打散、鹽 1 茶匙、白胡椒粉、料酒倒入攪拌器中。

開動機器攪動，攪拌均勻後，再慢慢繼續攪勻，直到把魚泥打出光亮有黏性為止。

完成的魚漿，放入容器內蓋好，然後放入冰箱冷藏至少三十分鐘，甚至可冷藏半天再製作。

煮一鍋約 80 至 85 度的水，水不用煮開保持中小火，用沾水的湯匙，挖起魚醬在手心上滾成丸子（大小隨意決定）放入水中，等魚丸漂浮起來，可用網撈起即成。（魚丸可以冷卻後冰凍，每次食用時取出所需數量）

高湯放鹽 1 茶匙，煮開後放入粉絲和適量的魚丸，再煮開後等幾分鐘，可以放入黃瓜片或綠色蔬菜，撒上葱花和香菜，熄火盛起。

高湯黃瓜片蛋花湯

食材：黃瓜半個、雞蛋 1 個、高湯 2 碗、鹽 1/2 茶匙、蔥 1 根、白胡椒粉 1/4 茶匙。

製法：先刨皮將黃瓜直的切成兩半，然後斜切、切成很薄很薄的長片（太大太厚的話就不入味了）備用。

1 個雞蛋打散，青蔥切碎備用。

鍋中倒入高湯、鹽，煮沸，放黃瓜片，再煮沸倒上打散的蛋液，用筷子輕輕滑動蛋液，成蛋花，關火撒入蔥花和白胡椒粉即可盛入碗中。

（高湯中光放黃瓜片不放蛋也可以，更加清香清淡。）

高湯白菜煮豆腐渣丸子

食材：豆腐渣丸子數個、白菜 1 棵約 500 克、食油 2 茶匙、蒜 3 瓣、薑 4 片、高湯 4 碗、鹽 2 茶匙、香菜 1 湯匙、白胡椒粉 1/2 茶匙。

製法；白菜洗乾淨後，切成條狀。

鍋中放食油，爆香蒜、薑，炒白菜至軟，將炸好的豆腐渣丸子鋪白菜上，放入 4 碗高湯，煮開後加少許鹽，小火燉十五分鐘左右，撒上香菜和白胡椒粉即可。

加入高湯之前

菜飯旁的那一小碟是我拿來配飯的蔡瀾鹹魚醬

高湯煮菜飯

食材：青江菜3至4棵、白米1碗、油2湯匙、蒜片、薑片各3至4片、蔥碎1湯匙、高湯1杯，鹽1½茶匙，胡椒粉1茶匙。

製法：青江菜切丁（分開菜梗與菜葉）備用、洗好白米備用。

油放在鐵鍋或砂鍋中燒熱，蒜片、薑片先加入鍋內爆香取出。

先放入蔥碎和菜梗炒一、二分鐘後加入菜葉略炒，加入高湯、鹽、胡椒粉，倒入洗好的白米拌勻。

先用中小火煮滾後蓋上鍋蓋，改成小火繼續煮十五分鐘，關火燜八分鐘左右既成。

（喜歡火腿的，可以將義大利火腿切碎，在關火後撒在飯上，多少隨意。）

拾

慶仲夏和大氣場

時間過得飛快，不知不覺瑞典的仲夏節即將到來。

仲夏節，這個在瑞典人心目中比六月六日國慶節更值得慶祝的節日，選在每年六月十九日到二十五日之間的週六，今年的週六是六月二十三日。

大自然是公平的，在北歐，冬季多漫長，夏天就有多美好。

仲夏節作為一年三百六十五天中白晝最長的一天，幾乎沒有黑夜。也是瑞典最古老、最盛大的節日。慶祝仲夏節是為了迎接夏季和繁衍季節的來臨，按照北歐傳統風俗，人們在身上裹上蕨類植物，把自己打扮成「綠人」。早在十六世紀，瑞典人就開始用葉子裝飾房屋和農具，並立起高高聳立、用白樺枝葉紮起的五月柱，圍著它跳瑞典民間舞、有村民組成的樂隊伴奏，通宵達旦狂歡。

典型的仲夏節菜單上有不同種類的醃鯡魚和煮好的新小土豆吃，配上優酪乳油和香蔥。然後主菜通常是燒烤，如排骨、魚、小羊排、蔬菜、玉米……而甜品則是今夏瑞典自產的第一批草莓，配或不配奶油均可。傳統的佐餐飲料是啤酒和烈酒，現在大多數人喜歡葡萄酒，瑞典人熱愛唱祝酒歌，有很多首，唱起來時大家會興奮歡快地拍起手來，一改平日北歐人少言寡歡的刻板形象，會不

同心合力豎起象徵仲夏節的五月柱

男女老少穿上瑞典傳統服裝，裝扮五月柱慶祝仲夏節。

會是酒能壯膽？

今年仲夏節前的半個多月，瑞典醫院開始要求醫務人員檢測新冠肺炎病毒，漢寧檢測了，但結果要十四天以後才能知道，原因是醫務人員檢測比普通人嚴格，報告單需詳細。我當然擔心，但兒子說：「檢測和不檢測對我都一樣，因為我知道自己得過了，只不過知道一下更準確的數據更好。」檢測結果出來了，他得過病但目前是陰性，而且有免疫力，免疫多久還不肯定，幾個月後需要復檢測。我鬆了口氣，兒子也認為我們可以聚在一起歡度仲夏節，他還有兩個好朋友和他們的小家庭也會參加。

年輕人由他們自主比較明智，他們選了十分漂亮的 Haga 公園作野餐地點，公園面積相當大，但管理得有條不紊，近水、一片片綠油油的草坪在大樹之間也寬敞，人再多也不會感到擁擠，疫情之下能確保距離。他們選的集合地點離水近，離每個人的家距離也適中，步行在二十分鐘左右，省下停車的煩惱外，最重要的是可以暢飲，無後顧之憂——駕車。哪家帶甚麼也由他們自己商定，因為每家都有小朋友，平時年輕父母都忙得覺也睡不夠，必須分工合作。

我們帶了三條大毯子鋪地上，其他家庭也帶足了各種野餐家當，連氣墊長沙發都帶上了。

我們先喝冰凍的義大利粉紅 Prosecco（一種帶氣的葡萄酒），大家互祝仲夏節快樂！疫情期間不能擁抱也不能碰杯，喝 Prosecco 的杯型容量很小，大家只能頻頻舉杯 Skål（乾杯）！

接下來頭盤：不同種類的醃鯡魚和醃三文魚，我拿出了野餐時頗受大家歡迎的我也常用來當請客時用的下酒菜——蒜蓉雞翅出來。漢寧不喜歡有魚腥的食品，媽媽有私心，特意做了一大盤，讓他在頭盤時也有東西可下肚。

禮雅在二〇二〇年仲夏節

往年不知道為甚麼，仲夏節老是下雨，很掃興，今年老天爺大概想在疫情中給大家提提神吧，天高氣爽萬里無雲，去公園路上的人絡繹不絕，因為去的早，我們野餐的位置佔了相當大的面積，後來覺得有點過於「霸道」，自覺的收小了些，只聽到四周的人此起彼落的唱起了祝酒歌，人們暫時放下了疫情中的煩惱，盡情的在享受陽光和歡樂！我被喜氣洋洋的氣氛感染，不知不覺在公園裏跟年輕人一起歡度了近六個小時。這是疫情以來我最放鬆、愉快、笑得最陽光的一天！

慶祝仲夏節後回到家中很累，白天吃的太豐富一點也不覺得餓，但是晚上完全不吃點東西就睡，怕半夜餓醒。就煮一小鍋熱乎乎的白粥，反正家裏冰箱中有現成的小菜，白粥就小菜也不錯。我從冰箱中取出醃製了一個月煮好的鹹蛋一破為二，蛋黃還冒油；酸菜炒毛豆是昨天炒的還放了點辣椒；醬油蘿蔔丁剛剛醃製了三天，已經可以吃了。小菜一樣樣放在小碟中，三碟小菜就著一大碗熱氣騰騰的白粥，還蠻大的氣場，接地氣的小菜遠比大魚大肉山珍海味好吃。二〇二〇年鼠年，一定要對自己好點，拿出能力把每天的日子過好，把握住生活中的小細節，自得其樂才會變得有幸福感。小菜真下飯，雖然肚子不餓，但還想要再喝一碗白粥。

說到小菜就白粥還蠻大的氣場，不得不讓我回想起一個幾乎編都不可能編得出來的整整二十年前的故事。

二〇〇〇年世紀交叉之際，摯友高行健獲得諾貝爾文學獎，得到消息時為他高興得筆墨難以形容，他當時鮮為人知，於是四面八方向我打聽「此為何人？」我馬上寫了篇文章〈自由在你心中！〉賀行健的殊榮。

一九八六年夏天在島上讀書，驚艷高行健的劇本《彼岸》，立刻寫信到北京人民藝術劇院毛遂自薦，希望跟他取得聯繫，生平之中僅此一回自薦經驗。一九八七年我在全中國有八個城市的現代舞獨舞巡迴演出，北京是最後一站，我們相約北京，他看了演出後的當晚，我們幾乎徹夜討論，有了共識決定共舞——他舞筆我舞蹈，他一口氣為我創寫了兩個舞台劇劇本《聲聲慢變奏—取李清照詞意》和《冥城》。之後，他先旅居柏林後到巴黎定居。

合作必須要有密切交流，一段時間下來我們成了氣味相投的朋友。八十年代末，他到瑞典來討論劇本和構思，便於工作就住在我家；後來我去巴黎帶著兒子上迪士尼玩，他也熱心地在巴黎引路，他是個最會聊天的人，總是有講不完的「山海經」；就在宣佈得諾貝爾獎前不久，我路經巴黎探望久違了的行健，就住在他和女朋友芳芳的家，拿到了他送的《靈山》和《一個人的聖經》。後來知道主要是因為這兩本著作，行健獲得諾貝爾文學獎，他獲獎我並不感到特別意外，意外的是來的如此之快！

頒獎禮前幾天他在斯德哥爾摩有一系列的活動，我們在活動中見了面，他告訴我他的胃只適應中餐，怕在諾貝爾晚宴中要應酬吃不飽，結果我們商量下來，決定諾貝爾晚宴後來我家喝粥吃宵夜。但他不知道該如何處置他的隨行人員：翻譯、司機、保鏢以及他在各地請來參加盛典的嘉賓，深更半夜我家附近無處可去，所以我建議：「就邀大家一起來我家罷，準備多些小菜，熬上一大鍋白粥，也替你還掉這幾天的人情債。」行健一聽馬上贊同：「我正在發愁，不知道該如何酬謝這次的工作人員，這幾天大家很辛苦也非常盡責，妳這一來邀請大家，替我解決了難題，對遠方來的客人也有了交代。」

十二月十日頒獎禮那天，我跟比雷爾去了皇家音樂廳觀賞了典禮後就回家，繼續張羅諾貝爾盛宴後的家「宴」。已經過了大半夜，浩浩蕩蕩一個車隊，率先的是幾輛黑色的勞斯萊斯，往水塔改建的我家公寓開來，水塔在坡頂地勢高，前面又是個小公園，冬天沒有密葉遮擋顯得頗為空曠，車子排列在公園側的小路旁，由下直到坡頂，一時之間可以看到左鄰右舍的燈一盞盞點亮了，人們趴在窗口交頭接耳，不知道發生了甚麼事？

我們大家在室內熱鬧非凡，前來消夜的所有客人，都已經先回旅館換上了家常便服，更顯輕鬆無比、無拘無束。我和比雷爾準備了很多吃的、喝的，知道外國人不習慣喝稀飯，所以我們備了其他食物，讓大家盡興各取所需。

行健是南方人喜歡我做的酒釀、三潭印月（三蛋：鮮蛋、皮蛋、鹹鴨蛋混合在一起蒸，我叫它混蛋）、素鴨等等，至今我還記得這三味菜那天晚上做了，其他的菜式不記得了，一共做了十幾樣吧，小菜就著熱乎乎的大碗白粥，真還蠻大的氣場、好大的派頭。北歐冬天的室內歡聲笑語暖洋洋，行健滿意的對我們說：「謝謝你們，這是我這幾天吃得最舒服的一頓，比諾貝爾宴會好吃多了！」回頭問他可愛的女友芳芳：「妳說呢？」芳芳微笑著直點頭。

乾煎蒜蓉雞翅

食材：雞翅膀 1 公斤（約 12 至 14 隻）、蒜 6 至 7 瓣，薑末 1 湯匙、糖 1½ 湯匙（黃糖更好）、醬油 1 湯匙、蠔油 1/2 湯匙、料酒 1½ 湯匙、白胡椒粉、五香粉、辣椒粉各 1 茶匙、油 5 至 6 湯匙、水 2 湯匙。

製法：洗雞翅膀有個步驟可以幫助去腥，瑞典超市買的雞翅膀沒有尖端部份，只有中段和上段，將雞翅膀中段和上段切開，連結部份會有血水滲出，在水龍頭下開冷水沖洗，洗時用手擠出血水，雞翅膀血水洗淨後，吸乾水份，再晾乾片刻。

準備醬汁：放切細蒜瓣，薑末，白胡椒粉、糖、醬油、蠔油、料酒、五香粉、辣椒粉，入碗拌好備用。

先放水，燒熱後放入糖，水燒乾糖熬成深色糖漿倒出後備用。

放 1 湯匙油燒熱後，爆香蒜、薑末，注入水將糖漿和其他佐料倒入，水開後用小火慢慢熬醬汁至稠狀。

放其餘油入鍋，油熱後雞翅膀逐隻放入，半煎炸，翅膀油多會慢慢跑出來，翅膀煎炸熟後，表面皮乾而脆。

趁翅膀熱時稠狀醬汁倒入裹拌均勻即成。（熱時食用或冷卻後食用均可）

（留下煎炸過的油，油中有雞油，濾後拿來炒蔬菜，極香。）

醬油蘿蔔丁

食材：白蘿蔔2根、鹽3湯匙、糖2湯匙、醬油3湯匙、五香粉1湯匙、紅砂糖2大匙、麻油少許（喜歡辣的可以加辣椒絲）。

製法：白蘿蔔刷乾淨（去皮或不去皮勻可），先切條，再切丁，放在容器中。

放鹽、糖拌勻，醃製四至五小時，倒出水份，略為晾乾。

加普通醬油、五香粉，紅砂糖跟溫開水半碗溶解，待冷卻後倒入（喜歡辣的加辣椒絲，多少根據自己口味），靜置在冰箱中二至三天，然後分裝入小瓶中。盛在碟中後可以淋上幾滴麻油。

拾壹 鄉愁在美食中

我的髮小潘志濤是北京舞校同班同學，一九五六年我們同乘一輛火車兩天三夜從上海到北京，那年我十歲他十二歲，潘志濤是上海人，也是位上海人口中的「吃客」，自己會動手。自從七十年代末我又經常回到母校教學，一定常去他家作客，他家就在北京舞蹈學院的教授樓中，每次他一定會表演最拿手的清炒鱔糊這道菜，也因為我愛喝湯，他家中經常有浙江金華火腿，太太許文綺會煮醃篤鮮請我吃。又知道我和兒子最愛吃南方燻青豆，有機會總是會弄點留著，再找機會給我。疫情給他困在了洛杉磯女兒家幾個月了，他知道我正在寫《食中作樂》，給我發微信：「鄉愁在美食中，煙火氣就是上海人的鄉愁！」看後會心微笑，為的是我近來常常看有關食的視頻，追求的是舌尖記憶——中國美食，大概跟「畫餅充飢」的道理、心理差不多。看看是聊為解饞，也可以美其名為「鄉愁」。

我在電話中告訴他：「目前困在幾乎買不到中國食品的地方，一定要挖空心思變出花樣來，不能叫苦連天，老天幫不了我，我還要幫兒子！」他說：「妳好吃我印象最深的是這兩次。」「哦——？說來我聽聽。」「一次我們去淮揚館，是北京的老同學們聚會，大家酒足飯飽正要離開時，到了門口妳突然回頭又馬上坐回桌上，說大煮乾絲還沒有吃完，不要浪費美味，吃完了再走，說著就開動起來。妳還說：三年自然災害的情況我還忘不了。」「我完全不記得自己吃相這麼難看了，那另一次呢？」我好奇的問，「那是在香港，妳喜歡坐叮叮噹噹有軌電車懷舊，我在香港出差，我們一起坐在電車的二樓正在欣賞香港街景，妳突然說：老貓（潘志濤外號）趕快下車，我納悶問：怎麼了？妳說聞到香味了，附近一定有賣臭豆腐的，機不可失，趕快！說著就跳下了車，四處跟著臭味找臭豆腐，看到攤子，恨不得全買下來……」聽他說我們過去的那些有關吃的故事，真有意思，咯咯笑起來說：「那不是鄉愁又是甚麼?!」

漢寧喜歡四川麻辣味，一九九四年他第一次去中國，是我們給他的十歲生日禮物。敦煌之後我們去了重慶搭船遊三峽，在重慶停了兩天，沒想到他對各種各樣麻辣味的零食、菜式那麼有興趣，特別偏愛重慶麻辣火鍋。想到他喜歡吃四川粉蒸排骨，哪裏有粉蒸肉粉賣？查看谷歌知道要用糯米炒香，外國超市哪有糯米賣？腦子一動，想到瑞典人在過聖誕節時用一種特別的粘米（Grötris）加牛奶和糖，燒出黏黏的甜米糊，也許這可以用來作替代品，馬上試試看。結果出其不意的成功製成粉蒸肉粉，上超市買了排骨準備醃製。這個菜兒子可以帶飯，微波爐熱起來很方便，主食和副食都在一起，攜帶不難。

粉蒸排骨

食材：豬肉排骨 500 克、粘米 150 克、花椒 1 茶匙、八角 2 粒、乾辣椒 3 至 4 根。

薑末、葱末、大蒜各 1 茶匙，生抽、老抽、蠔油、料酒、糖各 1 湯匙，加入食用油 1 湯匙、紅薯 250 克（土豆、芋頭也可以）、水 4 湯匙。

製法：蒸肉粉做法，將粘米、花椒、八角瓣開、乾辣椒切段，放入加熱的乾淨炒鍋，小火慢炒二十分鐘左右，炒到微微泛黃或者顏色再深一點也可以，注意不要炒焦了。放入攪拌機，打磨成米粉備用（米粉可以分成二、三次使用）。

醃製排骨，薑末、葱末、大蒜、生抽、老抽、蠔油、料酒、糖、食用油（看排骨肥瘦而定，也可以不放）、水，醃製時間二小時以上，或在冰箱中過夜。

蒸肉米粉放入排骨中，充份的裹拌均勻。

去皮紅薯滾刀切小塊，均勻的放在容器中，再鋪放上裹了粉的排骨，鍋內加入 10 杯水，蓋上蓋子，大火蒸九十分鐘左右（注意檢查水不夠時加水）米粉和肉香而糯，下面的紅薯也非常美味。

拾貳

真過癮

我一向關注時事新聞，電視台看CNN、BBC，報紙讀《紐約時報》、《美國世界日報》，每日必看讀一會兒，可是目前讀報紙之外，電視新聞我幾乎完全不看。我知道眼下這個世界上沒有任何其他新聞比疫情更重要、重大，數據觸目驚心，打開電視機幾乎千篇一律圍繞著一件事——新冠肺炎病毒疫情作報導。不是我不關心疫情，但是為了戴與不戴口罩就爭論得沒完沒了喋喋不休，為了經濟可以不相信科學，在生命和經濟的衡量中黑白顛倒、是非不分，為了保障經濟利益不惜撒謊、瞞騙，而犧牲個體的健康、尊嚴、甚至生命。許多政府實施很多政策，不是為了老百姓的福祉和生命，而是為了當權者的政治目的和經濟利益。不再看不再聽滿天飛的新聞，就是不想再揮霍寶貴的時間，省下時間做自己喜歡的事，好好生活，享受人生。

我很喜歡《舌尖上的中國》（A Bite of China）這部展示普通中國老百姓的有關中國食文化的紀錄片，它介紹中國各地的美食生態之外，同時也介紹了各地千變萬化的獨特飲食和風俗習慣，透過誘人的美食吸引人們來了解中國文化，深度展示了人與食的關係。幾年前《舌尖》一伸出，我跟媽媽就立刻注意到了，有時還跟媽媽一起在她公寓中觀賞，非常意外的發現原來老朋友蔡瀾擔任

了這部片子的總顧問。現在疫情一來，一天工作結束後，夜深人靜時，又會經常回過頭來重溫《舌尖》，雖然無法跟媽媽分享，依然被吸引，一個人看得津津有味與酒為伴。

謝謝疫情期間平賀豪先生發出的有關蔡瀾的各種微博和視頻，讓我們看到了立體的不同層面的「才子」。我知道蔡瀾謙虛，不喜歡大家這樣稱呼他，但確實蔡瀾出名是因為他有一張好吃、會說的嘴和一桿犀利的筆，而筆又包括了寫文章和書法兩方面，他的文章和出版的書，前前後後我看了不少，概而言之簡潔幽默、輕鬆易懂、人生感悟、聲色犬馬，七情六慾、包羅萬象；他自稱：「不是『書法家』，但絕對是書法愛好者。」蔡瀾書法的筆觸風格就像有個性、揮灑自如的本人——豁達瀟灑、自由自在、我行我素、盡情盡性的生活態度和做人方式。他書法的內容獨到之處是用傳統的書法來表達當下生活百味，平易近人、幽默有趣；用生活化的常用妙語來貼近觀賞者，再也不會讓人們感到書法是那樣地高不可攀。蔡瀾相信：「書法和美食一樣，傳遞快樂，也會創造快樂，那無關理想包袱，那就是生活的治癒和當下的圓滿。」

二〇一七年秋季，蔡瀾在北京榮寶齋舉辦《蔡瀾榮寶齋行草展》，後來又在香港的榮寶齋舉辦，展覽後，他寄了北京和香港的兩本展覽畫冊給我，草書內容，他選擇了一些大家熟悉的字句，「活在當下」、「看破放下自在」、「狠狠地過每一天」、「快活人」、「了不起」、「真」、「過癮」，今天又翻找出來看真過癮！很多字句提醒了我們尤其在疫情中，在人生遇到逆流時該持有的豁達態度——「狠狠地過每一天」！

說到過癮，必須提到最近居家過日子，食材單調而饞蟲又在肚裏爬，重看《蔡瀾逛菜欄》視頻名字起的妙，各地菜市場食材，琳瑯滿目嘆為觀止，雖然不可能買到品嚐，但在疫情期間看得讓人

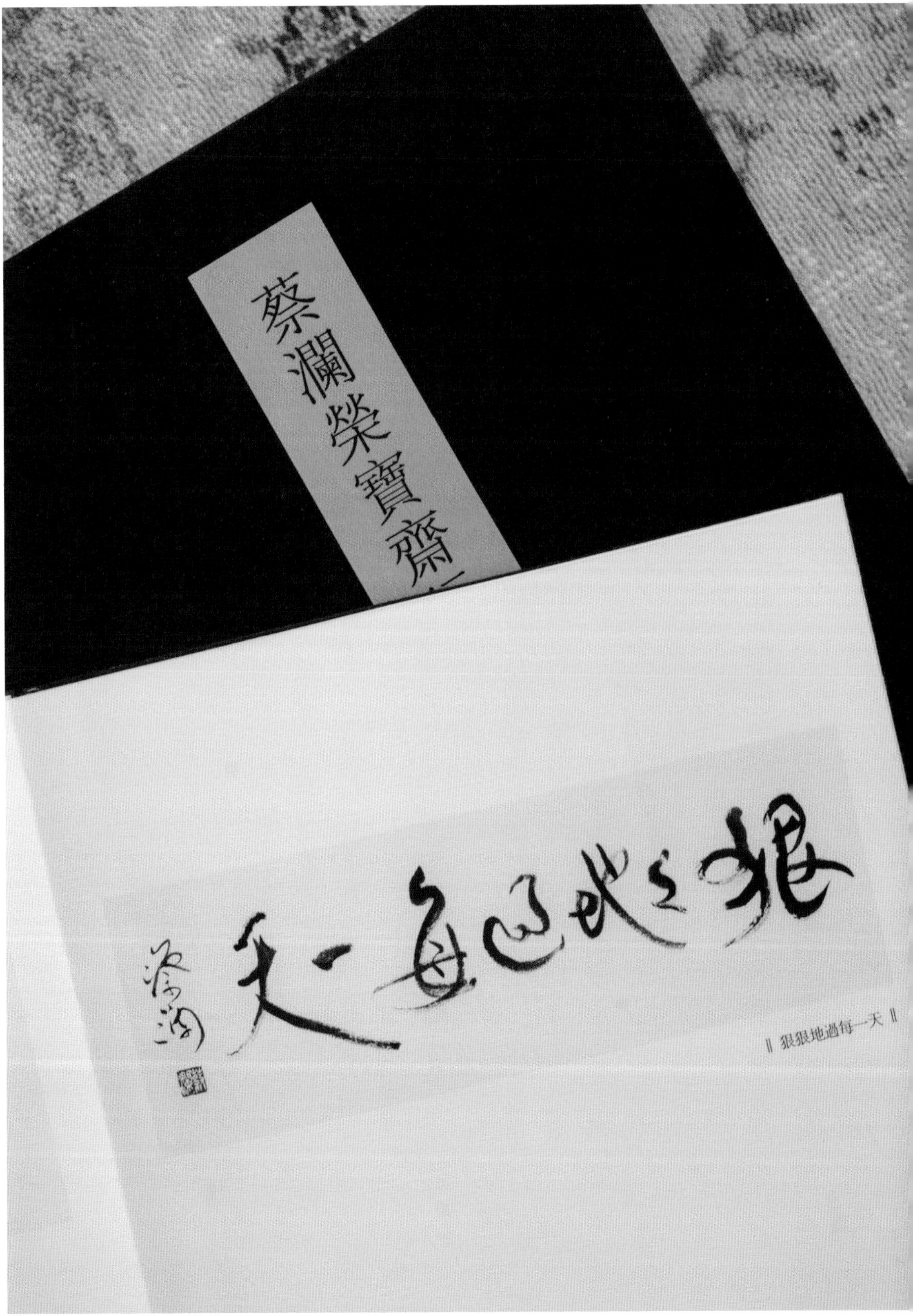

‖ 狠狠地過每一天 ‖

輕鬆愉快，過癮！《蔡瀾歎名菜》中的「街邊小食大牌檔」、「私房菜」、「食經」，失傳菜式比比皆是，吃不到，看看也解饞，吃不到可是可以過乾癮！

蔡瀾的好朋友金庸先生曾論道：「蔡瀾是一個真正瀟灑的人。率真瀟灑而能以輕鬆活潑的心態對待人生，尤其是對人生中的失落或不愉快遭遇處之泰然，若無其事，不但外表如此，而且是真正的不縈於懷，一笑置之。『置之』不大容易，要加上『一笑』，那是更加不容易了。……」

我跟蔡瀾六十年代就認識了，他一九六三年在香港定居，開始在邵氏電影公司任製片，我也是一九六三年步入電影界，雖然最後不是邵氏簽約演員，但與蔡瀾有許多共同朋友如鄭佩佩、梁樂華（藝名岳華）、張沖等都是邵氏簽約演員，還有導演李翰祥、胡金銓等，蔡瀾因為任製片，頻繁的穿梭於港台之間，有機會認識，但來往並不多，印象中高高瘦瘦斯斯文文的模樣，中、英、日、台語都很流利。

直到一九八二年，我在「香港舞蹈團」任第一任藝術總監，當年邀請蔡瀾參加第二年舉辦的一九八三年「亞洲藝術節」，藝術節中「香港舞蹈團」會首演我編導的《成語舞集》，共有十幾段圍繞著成語內容的舞蹈組成一台晚會節目。我對舞美上的設想，是用不同風格的書法設計，表現出不同成語的意境。我以為無論是「意在言外」或「意在言中」的成語，都是人們思維和認識的結晶。成語由來已久，它高度概括了人們在生活中的各種實踐經驗，反映了人們對於紛繁事務的精確理解，今天這些語彙仍然活在我們常用的語言和文字上，足見它的生命與傳統舞蹈語彙一樣，是世代流傳積累下來的。隨著時代社會的推移，一些語彙延伸出新的質素，注入了新的內容和生命，可見傳統與現代一脈相承的關係。

反覆考慮後認定：擔當此任非蔡瀾莫屬。跟蔡瀾認真談了我的構思後，他欣然一口答應，於是我們有了合作的機會，我才真正有機會認識他。大家可能還誤以為蔡瀾生活就是吃喝玩樂、酒色財氣、活得滋潤灑脱，其實不然，跟他合作後才知道，無論工作或享樂，他都是一絲不苟全力以赴，並且不斷在力求創新。

記得「一鼓作氣」這個成語他將「一」字，字體由小到大，筆劃由細到粗，筆觸由拘謹到豪放，反覆連續循序漸進運用，直到最後一、一、一、一……節奏越來越快的巨型一字打到天幕上，此時鼓聲音樂起，十二位男舞者跨著大步魚貫而入，同時一鼓作氣四個大字才完全顯現出來。十幾段舞蹈他從書法中尋找出各種不同的表現方法，選用狂草、行草之餘也選用了畢恭畢敬的楷書，用不同書法大家以及不同流派的字體，與每段舞章搭配得天衣無縫，給《成語舞集》不但增加了中國傳統元素和藝術趣味，觀眾在欣賞舞蹈的同時也欣賞到了美不勝收的中國書法。

跟蔡瀾合作的這段故事鮮有人知，這不是他本行，拿他的話說：「幫朋友忙，『客串』一下好玩而已！」輕描淡寫多瀟灑。

我沒有打聽朋友私生活習慣，跟他一起工作看他永遠獨來獨往，不知道他有沒有女朋友，還是已經有家室了？

八十年代中期，張文藝（筆名張北海）給我打電話，說要在家請蔡瀾夫婦晚餐，約我和比雷爾同聚，我們欣然前往。不太記得清楚了，好像那天吃的是緬因州龍蝦，在紐約龍蝦物美價廉，隻隻生猛，蔡瀾還用活龍蝦做了日本生蝦片當開胃前菜。

文藝愛喝單一麥芽威士忌、蔡瀾和比雷爾也喜歡，所以三個男人坐在一角喝著威士忌用英文談天說地；我跟蔡太太、張太太（周鴻玲）另外坐在一角喝著葡萄酒用中文說地談天。整個晚上很盡興、愉快，吃完飯已經夜深了，我們才告辭回家，我們也住在SOHO區，走路五分鐘就到家了。

第二天鴻玲打電話來問：「妳走後蔡瀾夫婦覺得很納悶，你和她這麼熟的朋友，怎麼會裝著不認識？整晚左一個蔡太太，右一個蔡太太。」我說：「是第一次見啊，我都不知道蔡瀾已經結婚有太太。」「她的名字叫張瓊文，妳現在想起來了罷？」「名字聽起來好像很熟，但——」我還在猶疑，鴻玲提醒我：「當年台灣赫赫有名的女製片，現在想起來了？」等了一會兒：「啊——！」我張口結舌恍然大悟，一時間竟說不出話來。

一九六六年與前任結婚，婚後毫無電影經驗的丈夫提出想要當導演，理由純粹只是為了男人的名字必須在女人之上，電影界行規，導演掛名絕對在主角之上，為了他的自尊心我竟然依從他成立了「昌青電影有限公司」，連電影公司的名字他都要丈夫「昌」必須在妻子「青」前面。那年我不到二十二歲，不但主演還打鴨子上架當上了製片，我正當紅，一口氣簽了多部電影主演合同，合同如同「賣身契」，因為我無法再挑選劇本，只一門心思賺錢給「昌青」公司拍電影。不料第一、二部電影根本接不上，賣身契得到的酬勞，遠遠不夠製片的龐大開支，於是拆東牆補西牆，抵押了娘家的房子還要四處借貸，簽了更多的「賣身契」——電影主演合同。

張瓊文當年在台灣台語電影圈內任製片，是個呼風喚雨響噹噹的人物，連李翰祥導演的「香港國聯電影公司」在經濟周轉失靈時，也常常找她調兵遣將應付燃眉之急。情急之下我找張瓊文幫忙，善良的她看我拖著個幼子，又毫無製片經驗也替我著急，看我一籌莫展，眼淚都急得快要掉出來了，所以總是設法盡可能地幫我解決問題。事後她同情的勸我：「小青，妳不要太傻了……」

站立在猞猁島北端

當年拔刀相助的感恩之遇我怎麼可能忘記?!但我怎麼想怎麼都覺得不可思議，怎麼張瓊文是蔡瀾太太?!昨天晚上我看到蔡瀾身旁的是個小鳥依人柔情似水的女人——蔡太太，她盡失當年呼風喚雨的女強人氣勢、雄風，好像脱胎換骨成了另外一個楚楚可憐弱不禁風的女子。越想越覺得自己昨晚太失禮，今天趕快當面道歉，同時也謝謝她當年對我的照顧，瓊文微笑著說：「昨晚我告訴蔡瀾江青真是個好演員，戲演得太好了，整個晚上都裝著不認識我……」「真是天曉得，就是現在我面對著妳，還是不能相信自己的眼睛。現在才知道脱胎換骨是甚麼意思啦！」

現在想來想去，確實人生太奇妙了，完全無法用邏輯思維和想像來解釋。

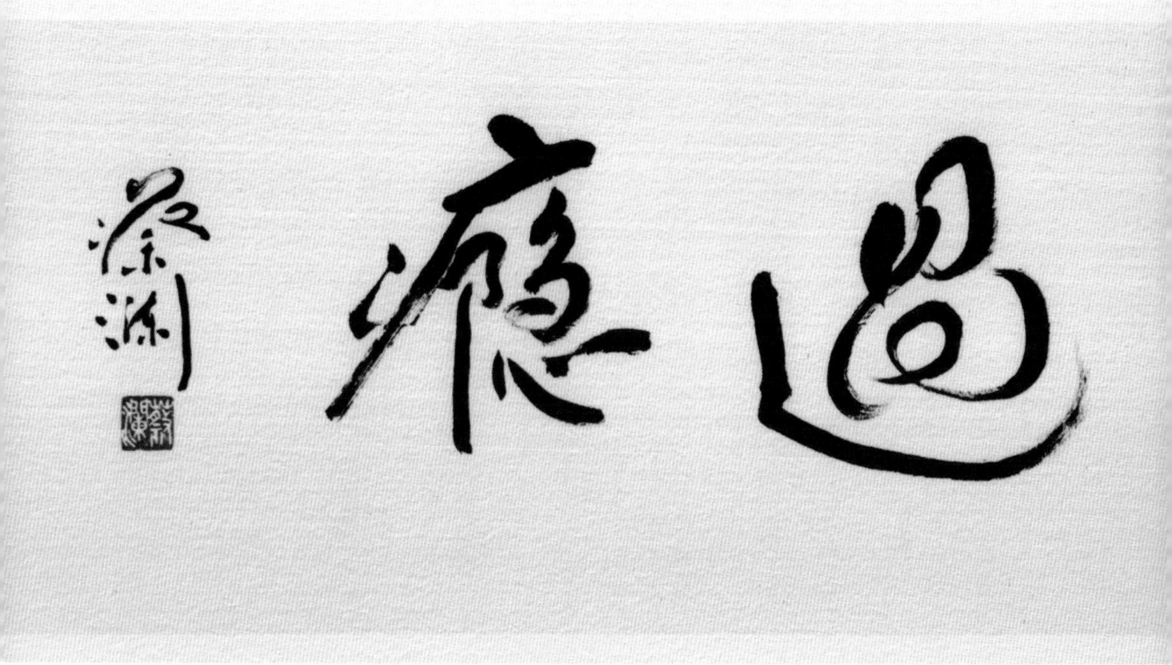
過癮

拾叁 飛逝的一週

仲夏節之後七月初，得知漢寧女友莎米拉和女兒禮雅檢測後目前也免疫，但免疫能多久？沒有人知道答案。無論如何我喜出望外，這就表示眼下我們可以經常見面，要好好把握活在當下享受天倫之樂。正好漢寧有一週假期，我們全家可以到猞猁島上住幾天，從羅馬回到瑞典整整四個月了，這還是我第一次去猞猁島，歡欣之情難以言表。

從一九七六年起，基本上每個暑期我都在猞猁島度過，畢竟已經是四十四年的老習慣了，夏天在瑞典城裏感到怪怪的。尤其疫情期間，比平時暑期時街上的人更少了，明媚但刺得扎眼的陽光下一片寧靜，祥和得毫無生氣，注意到還是沒有人戴口罩，如果偶爾看到有人戴口罩，十之八九是黃皮膚的東方人。還是沒有任何的禁足約束，飯館、理髮店、酒吧、博物館照常開放，只是劇院和音樂廳仍然關閉，政府一而再三的強調保持社交距離，超市、公共交通設施中也貼滿了佈告，能說該辦的政府已經全力以赴，完全要靠公民的自覺和自律，目前在瑞典雖然感染的人數沒有明顯下降，但進醫院急診和死亡人數一天比一天少，有了些經驗和醫務設備的逐漸完善，都是疫情開始穩定的原因。

準備了充份去島上的食材，容易壞的放在保凍箱中，其他一袋又一籃，大包小包有點像移民，把車子塞得滿滿的，開車前去猞猁島。孫女怕水不敢下船，結果緊緊地摟著媽媽的脖子才到了彼岸。從碼頭到屋子的小徑旁有野草莓，漢寧不到一個月大就來猞猁島了，對島上的一切瞭如指掌，直奔有野草莓的灌木叢去，爸爸剛採下來小孫女就忙往嘴裏放，嘴裏嚷著：「還要、還要！」平日裏草莓是她最喜歡的水果，但味道比起野生草莓不可同日而語。我說：「這下子可好，禮雅嘴巴吃刁了，將來怎麼辦？」

剛剛到屋裏把東西放好，走出門就看到漢寧蹲在外面，正在用根枯草在串採下的野草莓，一顆又一顆，不一會兒的工夫已經有一小串了，馬上獻給禮雅，那種殷勤勁兒、疼愛女兒的模樣，不禁讓我馬上聯想起比雷爾疼愛漢寧的樣子，他不是也是如此向小兒子大獻殷勤的嗎？時間過得太快了，轉眼之間漢寧當了一個「孝」女又盡職的爸爸。

第一個晚上的晚飯，我們是在屋外燒烤，我預先在城裏醃製了排骨、雞翅、大蝦，又準備了玉米、茄子、洋蔥、西班牙辣椒等等適合燒烤的菜蔬，漢寧是燒烤「專家」，先生炭火，等上二十來分鐘，等火苗滅了、炭滲灰色表示熱了，才能開始燒烤。

飯後我們切了西瓜，西瓜是我切的，因為留了心眼，想廢物利用一番——用西瓜皮做菜，心想西瓜好重老遠搬運過來，先搭車再坐船，搬上岸之後還要乘手推獨輪車，多費事的大西瓜，不能浪費可用的食材。於是不讓大家啃西瓜，而是把西瓜瓤肉一塊塊切好放在盤裏，瓜皮我就收好放入冰箱，當晚已經很累了，明天再想怎麼做也不遲。

記得小時候夏天上海天熱，就是吃西瓜的時節，大家庭人多，西瓜不是論個買而是論擔往家

挑，晚飯後坐在院子裏，星空密佈的夜晚聞著桂花香聽著知了叫，一面啃西瓜一面聽鬼故事，越害怕越要聽。有人還喜歡切半個西瓜用湯匙挖瓤吃，吃完了半個瓜，皮就可以扣在頭上戴西瓜帽，說涼快又去火。西瓜太多了，有時外婆也吩咐將瓜皮留下，可以涼拌吃，偶爾也炒來吃。

第二天查看冰箱裏做沙拉的食材太多了，決定還是炒個漢寧從來聽都沒有聽說過的熱菜。兒子用半信半疑的眼光望著我，「這是我小時候吃過的菜，夏天吃很爽口也清淡，至少顏色賞心悅目。」我自吹自擂了一番。

每天做飯食材有限，要翻出新花樣不易為，好在他們三口之家的小家庭也不習慣頓頓中餐，幸好他們會做也喜歡做，我落得可以吃現成的也很不錯。當然我閒不下來，需要照顧的事情太多了，兒子割完草我需要扒，收拾枯葉、水草等等，其他的戶外活兒永遠幹不完，我不相信勞動可以改造思想，但我相信勞動可以鍛煉身體。但在一週的時間裏，還是設法做了幾個皆大歡喜的中國菜。這些菜我絕對不會做給自己一個人吃，要有伴吃著熱鬧才格外地覺得可口。

享受大海、美景、空氣、陽光，享受一草、一花、一木、大自然，享受天倫之樂，享受勞動帶來的疲勞和愉悅，享受食中作樂。島上清新的空氣總是讓人睡得沉穩、香甜。愉快的一週像天上的流星飛逝而過，漢寧明天要上班，非常時期醫院裏人手緊，不能像往常一樣一連有五週的暑假，要再等一個月才可以回島上住，有盼頭就好。

以下介紹我一週中做的幾個皆大歡喜的菜的做法。

島上日常的勞動也是充滿了樂趣

西瓜皮炒雞片

食材：西瓜皮 300 克、雞胸 1 塊（約 1 杯）、料酒 1 茶匙、鹽 1¼ 湯匙、蛋 1 個、澱粉 1/2 湯匙、水 1 湯匙、油 2½ 湯匙、蒜瓣 2 片。

製法：削去西瓜綠色硬皮後，西瓜皮上留少許紅瓤，切成薄片加 1 湯匙鹽拌勻，醃十五分鐘後擠出水份。

雞胸切成薄片放入碗中，料酒、1/4 湯匙鹽、蛋白打散、澱粉拌和水，放在一起醃製半小時。

炒鍋入 1½ 湯匙油，用中火加熱，入雞片翻炒，待八分熟時盛出。

原鍋放 1 湯匙油，蒜瓣切片爆香後取出，倒入西瓜皮，翻炒一下約一分半鐘，倒入雞片拌炒均勻約四十秒，即可。

炸茄夾

食材：紫色中型茄子 2 個、碎豬肉 150 克、蝦仁 50 克、鹽 1 茶匙、醬油 2 茶匙、雞蛋 1 個、葱花 1 茶匙、薑末 1/2 茶匙、料酒 1 茶匙、麻油 1 茶匙、白胡椒粉 1/2 茶匙、油 4 杯 1 湯匙、啤酒 2 湯匙、澱粉和麵粉各 1½ 湯匙。

製法：茄子洗乾淨後切片，切兩連刀的薄片，一刀不要切到底，連著一點備用。

碎豬肉，蝦仁切碎，雞蛋打散，放上葱花、薑末、料酒、麻油、白胡椒粉和鹽各 1/2 茶匙、醬油、一半打散的雞蛋，同一方向攪拌使餡兒開始發黏，放入冰箱半小時，備用。

澱粉和麵粉，加入另一半打散的雞蛋，加入鹽和白胡椒粉各 1/2 茶匙，然後分次小量加入啤酒，攪拌均勻，再加入油 1 湯匙，再次攪拌均勻，成麵糊狀。

將醃製好的餡夾在茄子中間，茄夾在麵糊裏面裹一圈，然後放入燒了七成熱的油鍋裏炸，中火炸至表面金黃，餡熟透即可。

生菜鴿鬆

食材：豬裏脊肉 100 克、雞胸肉 200 克、雞肝 2 副、蛋 1 個、洋葱 1 個、粉絲 1 小把、生菜 1 棵、豌豆 1 湯匙、鹽 1/2 茶匙、白胡椒粉 1/2 茶匙、麻油 1/2 茶匙、生粉 1½ 茶匙、醬油 1 湯匙、料酒 1 茶匙、油 2 杯。

製法：雖然稱為鴿鬆，現在卻少有人用鴿肉來做，普通超市也買不到，我用三分之一豬肉和三分之二雞肉來做，肉切成細粒。

雞肝 2 副剁成泥，放入切成細粒的豬肉和雞肉中，只用雞蛋黃打散和入，加鹽、白胡椒粉 1/4 茶匙、麻油、生粉、醬油 1/2 湯匙、料酒，全部拌勻成餡料，入冰箱放置一小時。

洋葱切成小粒，生菜洗淨擦乾，分成一片片備用。

粉絲剪成段，小鍋中放油，燒熱後炸粉絲，一次放少許，因為粉絲遇到熱油會迅速膨脹開。用大盤將炸好的粉絲放在外圍一圈。

鍋中放 2 湯匙食用油（用炸粉絲油即可），爆香蒜蓉和切碎的洋葱粒，炒乾後再放入豌豆煸炒，放入白胡椒粉 1/4 茶匙、醬油 1/2 湯匙，炒乾盛起。

1/2 湯匙食用油（用炸粉絲油即可）倒入準備好的餡料快速翻炒，八成熟時，倒入其他已經炒熟的食材一起拌勻。盛起放在大盤子中間。

吃時用生菜包入餡料和粉絲。

拾肆 心想事成

回到城裏，我開始意識到，校稿出書的事已近尾聲，接著我該怎麼排遣打發時間？看來一時之間我還動不了，更不用說回紐約了，美國疫情之外加上各地暴動，中國疫情之外加上特大洪災，真是怵目驚心雪上加霜。媽媽和曼哈頓的朋友們異口同聲：「不敢出門、好恐怖、妳千萬不要回來！」對我來說紐約沒有戲可以看，沒有博物館可以逛，沒有餐館可以進，那是個甚麼樣的紐約？我不敢想，決定一動不如一靜。

晚上睡覺前躺在床上看書，不知道怎麼搞的突然一個想法閃出，竟讓自己開始興奮起來，左思右想按捺不住激動從床上躍起，半夜三更給亞男掛了電話：「不會太晚打擾你吧？我實在有個好主意，不得不馬上告訴你，聽著……」結果亞男興奮不已，比起我有過之而無不及，電話線的另一頭：「啊——能夠合作一次這樣的題材太有意義了，我們是這段時間的見證人……」隔了兩天，我就做了幾個準備放在食譜菜單上的菜，請亞男和邁平過來聚，主要是可以商量《食中作樂》的寫作計劃。我們坐在我家外面的院中，一張大條桌櫈，三個人完全可以保持社交距離。

陳邁平（筆名萬之）是旅居瑞典的華人翻譯家、作家兼出版人。翻譯的作品很多都出自諾貝爾獲獎作家之手：其中有文學獎評委會主席謝爾·埃斯普馬克、文學獎獲得者托馬斯·特朗斯特羅姆和哈瑞·馬丁松。陳邁平筆名萬之，曾是《今天》雜誌創刊人之一，獨立中文筆會創會會員，還寫了評論集《凱旋曲：諾貝爾文學獎傳奇》。二〇一五年，瑞典文學院（諾貝爾文學獎評審學院）將翻譯獎授予陳邁平。

他的瑞典夫人漢學家陳安娜（Anna Gustafsson Chen），是莫言小說的瑞典文翻譯。他們夫妻倆合作相得益彰，翻譯了許多重要的中文和瑞文文學作品在中國和瑞典出版，並在幾年前在瑞典首都斯德哥爾摩成立了出版社。

我跟他們夫婦認識多年了，邁平在斯德哥爾摩大學任教時，組織了不少國際性的文學研討會，也邀請了不少作家和訪問學者，在大學和安娜主持的國際圖書館中作演講，也讓我有機會近距離的認識了這些訪客，有時我還會作東，有的還成了朋友。

二〇〇四年，我在瑞典皇家話劇院負責《魏國三刀》的編舞和動作設計，演出是紀念諾貝爾文學獎獲獎者瑞典詩人哈瑞·馬丁松（Harry Martinson）百年誕辰，這是他唯一的一個舞台劇劇本，用中國唐朝作故事發生的時代背景，情節非常奇特。當時的話劇院院長 Staffan Valdermar Holm 任導演，他邀請我參加合作，女演員十四位個個都是劇院獨當一面的台柱，而且大多數是電影大導演柏格曼曾經的御用演員。為謹慎起見，我要求劇本中譯，劇院居然一口答應邀請邁平負責劇本中譯工作。邁平本人在北京中央戲劇學院歐美戲劇專業研究生班獲碩士學位，所以由他翻譯不作第二人想，我還可以向他請教許多疑難雜症，這個劇本耐人尋味但太艱澀，花了很多精力才得以圓滿完成，陽春白雪的作品雖然得到內行的好評，也是我偏愛的一個藝術上高水準的創新製作，但票房上終歸還是敵不過曲高和寡。

二〇〇八年秋天比雷爾去世，邁平看漢寧尚年少，知道急需要有人助我辦好比雷爾的葬禮，主動承擔了許多工作，還特別邀請了亞男來拍照，記錄下這個對我而言沉痛而重要的一天。這個世界能雪中送炭的人究竟不多，這以後我們好像「近」了許多，有重要的事知道可以有依靠。邁平在文壇資格老，我有新文章也都會請他先過目，有不妥處他也會不客氣的指出，另外他家裏中國作家寄去的各種新書太多了，我當然有借有還，常常可以在第一時間看到他推薦的好書，這是我的幸運也是幸福，有機會時老朋友聚一聚聊一聊也是件樂事。

所以一想到這個新書計劃，當然要請教邁平，聽聽他的想法，我說了我的構思，亞男由攝影的角度談了他的想法，邁平聽後以出版社的角度和經驗提醒我們：文字再好，圖片再精美絕倫，但有食譜包括在內，必須將《食中作樂》做成一本圖文並茂的工具書，購買書的人也會希望要有實際使用價值，否則書店很難推銷這一類型的書。我們三人約好七月底的最後一週去島上拍照，這階段安娜翻譯工作太忙分身乏術，亞男瑞典太太帶著孩子們仍然在鄉間度假。

在我們三個人商量出書事宜時，我做了幾個菜，其中清炒萵苣筍是邁平從中國超市買來的食材，普通超市不賣，不能放在食譜中；知道我們三個人都喜歡鹽水雞肫，趁機特意做來解饞，因為正巧我們三家的孩子都是中瑞混血，又都在瑞典出生長大，這一類食品都是絕對不會碰的，所以不考慮放在食譜中。

寫下那天做的要放在食譜中的兩個菜。

在猞猁島上與好友邁平深夜暢談

涼拌芹菜木耳

食材：芹菜1把（去筋切條後約4杯）、乾木耳1½湯匙、鹽1/2茶匙、醬油1湯匙、醋1½湯匙、糖2湯匙、麻油1湯匙。（也可以放上辣椒絲）

製法：2,000克水煮開，放入切成條的芹菜，不要蓋鍋蓋，水煮開後約一分鐘，倒入漏網，沖冷水後，放在冷水中泡十分鐘後瀝乾，放入冰箱。

木耳用水洗淨後，放入鍋中用700克水煮開，幾分鐘後熄火，鍋蓋不開，等木耳發好後，冷卻後撕成小塊。芹菜和木耳一起放在容器中。

調汁：鹽、醬油、醋、糖、麻油（也可以放上辣椒絲）。將汁倒入芹菜和木耳容器中，拌勻即可。

（沒有木耳可以光拌芹菜，當然可以拌豆腐乾或五香花生米、乾蝦米，但普通超市不賣。）

咖喱牛肉

食材：牛肉 500 克、土豆 2 個、胡蘿蔔 2 根、洋葱 1 個、咖喱粉 2 湯匙、鹽 1 茶匙、月桂葉 2 片、薑片 4 至 5 片、油 2 湯匙。

製法：牛肉切成一公分左右厚小塊，土豆、胡蘿蔔去皮切成滾刀塊，洋葱切塊備用。

燒鍋開水，將牛肉放入，水滾後燙三分鐘，倒入漏網，濾水洗乾淨備用。

油燒熱後，放入切塊的洋葱炒至香，放入咖喱粉炒片刻，加入半杯水繼續炒，待快乾時，倒入牛肉塊繼續炒一會兒，注入 500 克清水、鹽、月桂葉、薑片、水開後轉小火燜燒一小時左右。

加入胡蘿蔔、土豆煮二十五分鐘左右，如果有需要可以再加些鹽和咖喱粉，看各人的口味調整。

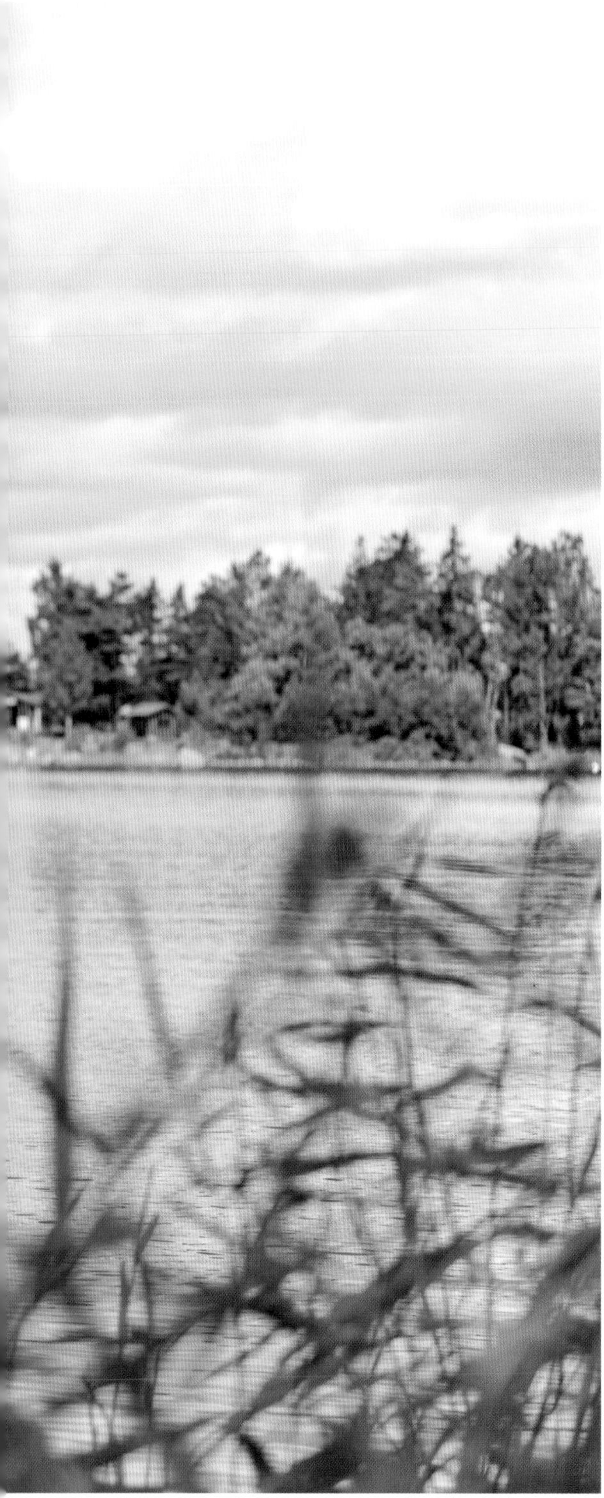

站在猞猁島碼頭上等候漢寧從 Singö 開船過來接我

拾伍 即興、口福

亞男拍照有大批的攝影器材要帶，我要拍食譜菜單中的照片也需要帶足食材，一架車不夠用。況且我對自己的駕船技術毫無把握，我只敢開馬力不大電馬達船，用汽油馬達的船開起來太快我不敢，我擔心我們去的那天如果遇到大風，電馬達的力度就不夠了，船不穩萬一上下船時一不小心把亞男昂貴的攝影器材弄到水裏怎麼辦？結果漢寧說他可以送我們擺渡去猞猁島，自己當天來回不過夜，因為第二天要工作。選了一天漢寧休息的日子邁平接亞男，漢寧載著我，我們在約定的正午時間在停車的Singö碼頭集合，大家準時到達。我真慶幸自己讓漢寧來幫忙護航，那天風大水急還飄著毛毛雨，這種天氣我是無論如何都不敢開船到彼岸的，漢寧從小訓練有素，很麻利的分三次，連人帶物都迅速的抵達猞猁島。亞男在中國飯店預訂了外賣，帶去島上請大家午餐，麻辣麻醬涼粉之外，都是平時在家吃不到的滷豬耳朵、鴨掌、豬舌頭這類，漢寧不敢碰，幸好涼粉和滷牛肉是他愛吃的，吃完還帶了一盒回家，說明天好帶飯。我還是不敢在水急風大中送漢寧擺渡過海，要他自己把船開回去，一週後來接我們就行了。不到半個小時，電話鈴響，漢寧說：「剛才在水上，馬達突然停了，我是划船划過去的，現在先要去修馬達……」我們三人都慶幸自己有漢寧護航，否則今天不知道會有多狼狽。

跟亞男一起工作，才發現他對菜的擺放、配料、構圖，做菜的手法非常熟悉，打聽之下才知道原由，他雖然是位職業攝影師出身，但成為攝影師之前，卻也是一位科班出身的中餐大廚，先在北京一家著名魯菜館當學徒，後來任北京一家著名酒店廚師長，手下有三十八位大廚。此外他還有更讓我驚訝的經驗，受諾貝爾委員會委託，今年他要出版一本新畫冊，內容涉及數十年諾貝爾晚宴的菜譜，以及與諾貝爾相關的許多神秘環節，各方都十分關注和期盼這本歷時五年鉅著的出版。

二〇〇八年與他相識後，每年有大半年時間我在紐約住，雖然偶爾見面，但對他的事業發展一直不很清楚。二〇一六年夏，陪友人參觀瑞典皇家音樂廳，在那裏看到亞男美輪美奐的個人大型攝影展，才知道他在瑞典攝影界目前的地位。後來到斯德哥爾摩米勒斯雕塑公園（Millesgården）參觀，居然亞男在那裏擁有永久的展廳，開幕時，由瑞典皇后 Silvia 剪綵，此舉在瑞典藝術界引起轟動。目前他任瑞典著名攝影器材「哈蘇」的形象大使，一個國際攝影界備受尊敬的榮譽。如今已經著述了十多本攝影畫冊。

今年是藍莓豐收年，看到藍莓馬上憶起我媽媽，採摘野生的食品可是她鍾意的活動，喜歡拿了一個小板櫈然後找到一個點坐下來，耐心的慢慢採摘，拿回來一顆一顆乾乾淨淨，馬上可以吃；而我是急性子，採的藍莓通常有很多枝葉在裏面，完了之後要回家慢慢清理後才能食用。比雷爾喜歡做藍莓派，媽媽則喜歡用藍莓製成果醬，一瓶瓶裝好，然後等她回紐約時，可以送給親朋好友分享她引以為榮的成果。

亞男拍照，除了菜單我基本上想好內容，其他大多數是即興進行，寫的文字素材我心裏大概有

兒子接媽媽打道回府

個底，我們一面拍照工作，一面不斷交換意見，吃吃、喝喝、聊聊、玩玩、看看、走走、想想，輕鬆愉快的工作，隨心所欲的即興創作，真開心！

當然也有犯愁的地方，要拍照當然希望把自己搞的光鮮點，這幾個月以來好像從來沒有關心過自己的形象。三月份在羅馬時，因為知道三月二十五日是首演，要上台謝幕，之前也會有很多採訪活動，所以三月初時就去剪了髮，我的經驗是理髮之後要給二週左右時間，頭髮看上去才會自然。我從不染髮接受順其自然，以往平日裏大概平均六週剪髮一次。二〇〇一年當我告別舞台表演生涯後，就一改長髮往後一紮的舞者習慣，剪了齊耳的短髮，頓感輕鬆。但到今年七月底發現已經幾乎四個月沒有理髮了，照鏡子發現頭髮長短很尷尬，完全沒髮型顯得無精打采，怎麼上鏡頭呢？完全沒有猶豫，把頭髮在後面紮一下，索性恢復到舞者本色，看著鏡子中的我，必須告訴自己老了，活脱脱一個老太太模樣，管她呢！只要不用擔心再去理髮店。到目前為止，疫情的黑暗隧道還沒有看到曙光也沒有盡頭，能避免的事就盡量避免才為上上策。

按約定漢寧開車來接我們打道回府，又是當天來回，好在想拍的部份基本上都已經完成，而且成績斐然，也不辜負漢寧在疫情中累中加累，忙中加忙的辛勞。

八月的第二週漢寧有假，他知道我的念想，全家陪我去了猞猁島。這麼多年以來，我創作的舞蹈、劇本，編排的話劇、歌劇，已經出版的六本書，絕大多數都是在島上得以完成，在這裏創作已經習以為常，來到這裏我就「靜」得下來。幾天後，漢寧假期結束，他們必須回城，而我臨時決定一個人留在島上繼續寫《食中作樂》，跟漢寧説好一週後再來接我，又是個只能當天來回的苦差事。以往這樣的情形，我可以請鄰居幫忙接送一下，但目前疫情不允許我這樣「不識相」，自己是高風險年齡段絕對不敢貿然去搭乘公共交通。

在島上獨自面對時，收到幾個郵政快遞短訊，知道是有兩個郵遞快件，家中無人接收，要我到指定的超市取，短訊還一而再三的催：還有三天了，只剩下兩天了。漢寧接我回家剛好是最後一天，胸有成竹的先取台灣來的郵包，是「爾雅出版社」通知我用快遞方法寄來的九本新書《我歌我唱》，交了稅金順利取出。要換個地點拿第二個郵包，會是哪裏又是誰寄來的？方盒在櫃枱前一放，我的眼睛一亮，看到寄出的地點香港，就知道一定是蔡瀾給我寄的鹹魚醬。「哇——！」我差點叫出聲來，兒子馬上問：「甚麼東西讓妳興奮成這樣子？」我說：「有好吃的，趕快回家！」

大概一個多月以前，在微信朋友圈中看到蔡瀾介紹：「在疫情之下，見許多公司或餐廳一間間停止營業。我反其道而生，開了一家工廠，在香港專做醬料……」其中他介紹鹹魚醬是用野生馬友魚做的，我一看，馬上在評論一欄上留字：「好饞！」沒有多久蔡瀾寫微信給我：「把妳的地址給我，我給妳寄過去。」以前他也表示過要給我寄食材到瑞典，但我沒有給他地址，實在為「口福」太麻煩朋友了，但這次我實在太饞了寫：「那這次我就不客氣了，鹹魚是我的最愛，可是食品能進口嗎？如果太費周章就算了。我的地址：……先謝謝！」

回家後，我就迫不及待的打開香港來的郵包，裏面赫然兩瓶「蔡瀾鹹魚醬」，我高興的叫了起來：「啊——真幸福！」兒子馬上笑說：「我就在等著看，看妳會先打開哪個郵包？書還是吃的？果不其然還是吃重要。」我立馬讓漢寧擰開瓶蓋，拿了小匙品嚐，「嗯——人間仙境！」我對兒子說。腦子裏已經開始盤算起來鹹魚醬怎麼做、怎麼吃？一閉眼菜式就跳到眼前：鹹魚醬蒸豆腐、鹹魚醬蒸肉餅、鹹魚醬義大利式麵、鹹魚醬就稀飯……哇——太多的可能性，太棒啦！

媽媽莎米拉帶著女兒採藍莓

二〇〇六年在加蓋的屋裏，比雷爾特意安放了一個藏有一噸多沙的壁爐保暖。

讓一切隨風

拾陸
別夏迎秋的小龍蝦節

在瑞典，理想的八月夜晚是溫暖而柔和的，今年八月更是如此。幾個世紀以來小龍蝦節是瑞典喜慶傳統節日之一，瑞典人稱為Kräftskiva，「小龍蝦派對」會在盛產的八月份舉辦。在瑞典吃當地小龍蝦非常昂貴，要比進口的貴好多倍，可是再貴也擋不住人們在小龍蝦盛宴上開懷吃喝、唱歌嬉戲。餐桌上的小龍蝦是用瑞典人喜愛的方式：大量茴香一同放在鹽水中煮，煮熟了之後放涼，然後在冰箱中冷藏，吃的時候再取出來，吃小龍蝦時，配蔬菜沙拉以及乳酪和烤的吐司。比雷爾在世時，每年八月份我們也會應景熱鬧一番，但這已經是久違了的活動。今年正好為《食中作樂》撰文，想介紹一下這個瑞典風俗特色，加上一般情況下都喜歡在室外進行，正好也符合了疫情期間的不成文「規定」。

小龍蝦節這個看似與月亮無關的名稱，節慶裏卻有著許多與月亮相關的因素，因為當地捕捉小龍蝦最好的時間是在夜晚，借著月光進行捕捉。所以派對的佈置及裝飾，月亮是不可或缺的重要元素，微笑月亮的裝飾品名稱：The Man on the Moon，跟中國的嫦娥還是有區分，至少man是男性而嫦娥是女性。無論如何瑞典小龍蝦節的概念其實與中國中秋節雷同，都是告別夏天迎接秋天的第一個傳統節日。

在瑞典吃小龍蝦儀式感很「強」，會在戶外四周的樹枝上掛著月亮臉、小燈籠、有龍蝦圖案的剪紙，還有特殊的行頭：戴上小尖帽，圍上紙圍裙，隨時隨地唱歌小酌把龍蝦節的節日氣氛推熱，當然吃小龍蝦的配酒也是有講究的，喝的酒必須是特製的北歐烈酒 Aquavit 配上啤酒！

記得二〇〇五年，我們一行近三十人一起去中國旅遊，起因是媽媽沒有去過敦煌，一直聽我們讚不絕口，比雷爾也想舊地重遊，於是和三個弟弟的家屬約好前往旅遊三週。哪知道消息外洩，一下子瑞典的親朋好友，個個報名踴躍參加，因為我們不會說「不」！怕掃大家的興，結果來者不拒，旅遊團隊像滾雪球一樣越滾越大。結果我找了上海錦江旅行社幫忙安排這次的國內旅遊，首站是烏魯木齊，我們從新疆、敦煌、西安一路玩下來，最後一站是上海。在中國，夏天正是產小龍蝦的旺季，那時中國人不當小龍蝦是一回事，正式餐館感到不上檔次，根本不在菜單上，可是平民百姓覺得經濟實惠，去光顧小龍蝦專吃店樂此不疲。瑞典人一看到小龍蝦，知道牌價後簡直不敢置信，於是我當東道主請大家往「死」裏吃。先來不同口味做法的一樣一盆，喜歡哪個口味就再點，瑞典本地小龍蝦也是活的現煮，但吃法是吃冷凍的，怎麼都無法跟中國熱氣騰騰上桌的味道相比。在上海大家大喝冰鎮啤酒，配上十幾種各式各樣口味的小龍蝦，直呼過癮。直到現在，這些瑞典朋友還在念念不忘當年中國的小龍蝦宴。

說起吃小龍蝦，美國最有名的是盛產小龍蝦的南方城市紐奧良，但是完全不同的另一種經驗。

幾年前我有機會去紐奧良，那年我的好友 Patrizia Von Brandenstein 在紐奧良拍電影，因為她憑《莫札特之死》得到過奧斯卡最佳藝術指導設計獎，資格在那裏，所以電影公司在拍攝期間給她在市中心租了一棟講究的獨立洋房，她知道我從來沒有去過紐奧良，而對那裏的爵士音樂和小龍蝦嚮往已久，所以邀約她丈夫 Stuart 和我結伴，從紐約去紐奧良住一週，她白天工作，我和 Stuart 可以當遊客。我有免費好住處欣然前往，度過了一週難忘的愉快假期。當然那裏的爵士音樂聞名已久，著名的小龍蝦美國叫 Cray fish 也是盛名在外。那裏的小龍蝦可是普羅大眾的食品，大街上到處都是小龍蝦攤位，不是論斤兩而是論桶賣，一桶桶的活小龍蝦現煮現賣，用的是美國南方的調味料，有點辛辣和蒜味，吃熱的很合我口胃，配上新鮮煮玉米搽上厚厚實實的牛油。我們貪心，一下子買了兩大桶拿回住處，哪有可能吃得下去，我又不捨得丟棄食物，最後，動腦筋將煮熟的小龍蝦頭和殼剝下來煮高湯，小龍蝦肉留下，第二天用高湯煮了湯麵，將小龍蝦肉鋪在麵上，加上點綠葉蔬菜點綴，色香味俱全鮮美無比。

我跟漢寧商量今年我們也舉辦小龍蝦家宴，邀請久違了的瑪格麗特和培樂一起，這些年來我們一直以自家人相處，請亞男來拍照，也是一個非同凡響的紀念，尤其在疫情之中更是難能可貴的聚會。他們夫婦欣然接受了邀請，當然是因為我聲明在先：沒有外人，在室外舉辦，否則他們絕不敢造次。

八月二十一日漢寧不工作，可以提前去託兒所接禮雅，回過頭再去接瑪格麗特和培樂。佈置用的物件如燈籠、帽子等等，因為在小龍蝦節日期間，瑞典每個超市都在賣，花樣之多讓人眼花繚亂。我戴了口罩上附近超市買了瑞典本地新鮮小龍蝦，又挑了幾樣應景用的裝置，因為最重要的是想拍小寶貝禮雅的「馬屁」，小傢伙喜歡喜氣洋洋的氛圍，過生日、仲夏節之類的慶典活動，她看著花花綠綠的裝飾品，總是興奮得手舞足蹈起來。

傍晚在變弱的秋陽下，我們坐在預先佈置好的小龍蝦餐桌旁，開動前先倒好冰鎮 Aquavit 和啤酒，以便 Skål（乾杯）！大家邊吃邊聊，聊來聊去話題好像還是繞著比雷爾轉，培樂給我看他用的還是比雷爾生前用的褲子吊帶，瑪格麗特回憶我們兩對經常在一起的歡樂時光，我則憶起一九七六年在 SOHO 家中第一次見到培樂的情節，比雷爾沒有介紹培樂名字，只說：「這是我最好的朋友。」聽到大家開始唱瑞典喝酒歌，莎米拉問：「漢寧曾經告訴我，他在託兒所常常最後一個離開，平時因為家中語言複雜的關係，父母沒有教他唱兒歌。結果他聽到最多的是比雷爾和朋友們愛在喝酒時唱的瑞典傳統喝酒歌。記得初上託兒所，老師要小朋友表演熟悉的兒歌，他表演的竟是喝酒歌，為此老師特意上門來做家庭訪問，以為漢寧的父母是酒鬼，害得你們哭笑不得、尷尬不已，是真的嗎？」我難為情的忙點頭，說：「妳女兒可沒有出這個洋相，她現在會唱這麼多好聽的兒歌，應當謝謝妳！」培樂還是幾十年如一日的關心國際大事，大家談到了疫情，他表示：「新冠肺炎疫情，讓我們看見我們的世界可能有的面貌：乾淨的天空與河流，所以也是壞事中好的一面，使人們認識到了環保的必要性……」

一般來講，小龍蝦之後吃點輔助性熱菜，瑞典人喜歡用當地的 Västerbotten 奶酪作成派作輔助，我想還是用我的法子，給大家一個驚喜，然後皆大歡喜。

果不其然這道煎火腿、蘿蔔絲餅熱菜無比受歡迎，煎好後我拿了一大盤，從家裏廚房、下了電梯、飛奔到屋外的餐桌，蘿蔔絲餅依然熱氣騰騰、香氣噴噴，一轉眼已經見盤底，這是讓「廚子」我最得意、開心的了。

甜點是莎米拉用我們一家在島上採集的藍莓做的派，她又自製了香草奶油放在容器中，可以配著一起吃，香脆酥軟的薄皮，清香、濃郁而又不太甜的藍莓果，最重要的是從猞猁島採集而來，別有滋味在心頭，培樂舉杯直呼：「在天上！Skål（乾杯）！」

天下沒有不散的宴席，大家吃飽了、喝足了、笑夠了、聊盡了、唱完了，漢寧沒有喝酒因為要開車，他先送客人回家，回頭再接莎米拉和禮雅並把亞男也一起送回家，他們住的相當近。他們先幫我收拾了一番，然後道晚安！今天早上我去了湖邊散步，看到小徑上已經有了落葉，北歐早晚的溫差還是很大的，昨晚聽到了雨聲，今早就看到了落葉，一葉知秋，想來這個秋季去散步時會與落葉為伍了，接著就是與黑白為伍，黑暗與白雪。突然想到雪萊的名言：「冬天已經到來，春天還會遠嗎？」但這個勵志、鼓勵人生中不能放棄希望的名言，很可能在這個疫情中用不上。瑞典已經正式宣佈：因為疫情決定取消今年十二月十日諾貝爾頒獎晚宴，屆時會有晚宴一百年的照片和資料在諾貝爾博物館展出，當然亞男三十年的諾貝爾晚宴照，也會在其中佔一席之地。

人生中有春夏秋冬，無論面對哪一季、哪一天、哪一刻，都要好好把握住那一季、那一天、那一刻，淡定的過好它！

煎火腿、蘿蔔絲餅

食材：新鮮蘿蔔 1 根、鹽 3 茶匙、糖 1 茶匙、白胡椒粉 1/2 茶匙、切碎葱花 2 湯匙、切碎的義大利火腿 2 湯匙、雞蛋 2 個、麵粉 2 湯匙、澱粉 2 湯匙、油 2 湯匙、水少許。

製法：蘿蔔洗淨削皮後切絲，加入鹽 2 茶匙、糖 1 茶匙醃四十分鐘。

擠乾蘿蔔絲水份後，加入白胡椒粉，葱花、義大利火腿，然後攪拌均勻，備用。

用另一隻碗將雞蛋打散，放入麵粉、澱粉、1 茶匙鹽、白胡椒粉，慢慢放入少許冷水調成糊狀，將糊倒入備用食材中拌勻。

不黏鍋中，放油潤鍋，取一小勺蘿蔔絲，攤在燒熱的鍋中每次可以放數個，以煎鍋大小決定，不能太擠。

中火煎，餅凝固後翻面，兩面煎至金黃即可。

莎米拉用全家一同在島上採摘的野藍莓做了派和香草奶油

難得在疫情中歡聚一堂，左起：漢寧、瑪格麗特、江青、培樂、莎米拉和禮雅，舉杯喝 Aquavit 慶祝小龍蝦節。乾杯！

拾柒

光的盛宴

一年四季如果按照一整天來算，秋天當是一天中的黃昏，今年我在瑞典度過了金秋，只要天氣允許每天仍然堅持在湖邊繞行。繞行時，明知一天中當是中午的夏天，茂盛的綠色早已經逝去，眼前的風景是落日餘暉——即將進入秋天的尾聲：樹葉已經由金黃和紅褐色開始轉為暗銅色；陽光下，葉子隨風飄落下來像金色的雪片在空中輕飄飛舞；樹冠上沒有落下的稀稀落落的黃葉在晚霞中閃爍著金光；堆積起來厚厚的落葉在腳下，踩上去悅耳的音樂在伴奏颯颯作響，在眼前一片燦爛的金秋中，讓我憶想起年少時，在北京西山滿山遍野的紅葉伴隨著好聽的嘻笑聲；也懷念起每年秋天，伴著母親在紐約附近，到處追賞紅葉的情景，每次還帶著可口的茶葉蛋、醬牛肉、醉雞翅、滷素雞……；以往只喜歡現場觀賞，絕不在視頻上觀看任何演出的我，最近這段日子也打破成規，每天在屏幕前津津有味的欣賞舞台實況轉播視頻，以此療慰我對表演藝術的飢渴。

前一陣看柴可夫斯基譜的三幕歌劇《尤金．澳涅金》（Eugene Onegin）是紐約大都會歌劇院的演出錄像，一開場就被舞台上俄國鄉村莊園中鋪天蓋地的紅葉吸引住了，不管是一開始的農民之

DJURGÅRDEN 7

ÅRD

舞、還是後來表現女主角頓時間的情緒崩潰、一直到林間小溪畔的清晨決鬥，都利用了秋葉作為場景或道具來表達宣洩情緒。哎，這不是跟我在屋外看到的金秋在唱和嘛！總而言之，疫情期間我必須學會自得其樂，在電視屏幕前觀賞演出，雖不能夠跟在現場觀賞的感染力同日而語，但也是聊勝於無罷，學著將孤獨面對的日子，賞心悅目的「熬」過去，也是一個不易修的課題。

一轉眼，北歐就進入一天中漫漫的長夜——冬天，到目前為止瑞典今年不算冷是個暖冬，但這個冬天特別灰暗，不是霧茫茫就是雨濛濛，已經一個月了沒有見過藍天更不要提陽光了，因為新冠疫情的迅猛反撲，讓我感到了伸手不見五指的漆黑，像是在鑽無底洞。湖邊的鳥兒大多數都已散去，小徑上濕嘰嘰泥濘不堪，踩上去滑溜溜的很不舒服，老了更怕滑倒，於是需要另闢新徑，呼吸新鮮空氣外也讓兩條腿活動一下，學著在四周轉著彎蹓躂。

不久前一個星期天的上午，我蹓彎去了附近社區的教堂，只見燈火通明，隨著悅耳的音樂和歌聲，拾級而上，教堂大門口兩側的大燭台上火光紅通通，向裏看也是吊燈和燭光相互輝映著，有股明亮而暖洋洋的氣氛，我從來沒有進去過這所教堂，但身不由己的向裏邁進去。

啊！我是唯一的一個來教堂做禮拜的人，太意想不到了，慌忙找就近的凳子坐下。環顧四週兩排高懸由天花板落下的長吊燈，十六盞壁燈用蠟燭圍繞著，牧師講台前圍繞著點燃的蠟燭，一位披著一頭金髮的年輕女高音獨唱者，披著斗篷站立在左前方一角，似乎面對著滿屋的聽眾在昂首高歌，在她身旁彈音樂伴奏的中年女琴師優雅的坐在那裏，眼睛聚焦在鍵盤上，她們旁若無人，完全沉浸在宗教音樂中，事實上在我到達之前，他們是全力以赴的在空無一人的教堂中進行演出。以我的經驗，表演藝術是台上的演出者和台下觀眾相輔相成建立的，如果缺一——在沒有觀眾的情況

GRANIT
MAX
KJELL & COMPANY
Kjell & Company
Kjell & Company
WYN 548

Filmstaden

下，演出者沒有必要表演……我當時著實被這個場景和氛圍震撼、被感動著，冷不防的一位白髮女士在我面前出現，微笑著遞給我一張當天教堂禮拜程序單，手中還拿了瓶消毒液，我把手伸出來接噴出的消毒液。定下神來後，不由自主的我漸漸沉浸到讚美詩的音樂中和溫馨光影的籠罩中，一種安詳、美和昇華的感受油然而生，馬上意識到我出其不意闖入的地方，不是一般性演出場地而是所教堂，演唱和演奏者不是在「演出」而是在履行神職，與牧師相同——在用另外的形式宣道、傳福音！

將近二十分鐘後音樂停止，陸陸續續進來了四位參加禮拜的人，牧師穿著白袍此時也出現了，等人們消毒手後邀大家坐下，聽到教堂塔樓的鐘聲，我看了錶正十一點，意識到宣道馬上就要開始了，起身向牧師歉意的表示自己不諳瑞典語因此退席，非常感謝剛才美好的經驗和時光。

北歐人有一種性格特點：頑強的韌性、行事低調、喜怒哀樂不行於色、倔強但冷靜、崇尚簡樸、擁抱大自然。要知道，諾貝爾獎的權威性成為全世界最為矚目和尊重的獎項，更成為瑞典人最引以為榮的驕傲。這次因為全世界困在疫情之中，諾貝爾委員會很早就宣佈了取消諾貝爾頒獎典禮和相關的所有活動，但我猜測一定會有其它的設想和方案，不同一般、非同小可的舉措。

自從一九〇一年，在諾貝爾逝世五周年紀念日十二月十日首次頒發諾貝爾獎，至今已經整整一百二十年了，其中一九四〇、四一、四二年，連續三年因為第二次世界大戰的影響而取消頒獎活動，而今年是因為前所未有的新冠疫情席捲了全世界，有史以來第一次改變了頒獎儀式和各種慶典活動的形式。

諾貝爾獲獎者沒有在斯德哥爾摩皇家音樂廳由瑞典國王頒獎，而改為得獎人在十二月十日，在當地伴隨著音樂和直播，領取由瑞典政府代表頒發的一份證書、一枚獎牌、一份記有獎金金額的文件。並會在當天上午享用一份傳統瑞典式的豐盛早餐而代替了原來在斯德哥爾摩市政廳舉行的隆重晚宴和舞會。

慶祝諾貝爾獎的音樂會以往於十二月八日在皇家音樂廳舉行，今年保留了音樂演奏會如期舉行，然而在無一聽眾的音樂廳中，樂隊對著觀眾席中的一片星光進行演奏。我看了視頻和亞男記錄下的眾多照片，感動、感慨、更多的應當是感傷罷。

出乎意料之外的是在十一月底，欣喜又興奮的看到了醒目的大幅宣傳，標題為：「諾貝爾周點燃斯德哥爾摩——黑暗中的光芒！」（Nobel Week Lights Stockholm - light in the dark!）日期：十二月五日至十二月十三日。

宣傳介紹這個項目的文章前半段這樣寫：

諾貝爾周點燃斯德哥爾摩是慶祝今年的諾貝爾獎的一種新途徑。整個城市中安裝的燈光投影裝置作品，許多是得到諾貝爾獎獲獎者發明的啓發而創作的。

光影作品通常處於藝術與科學的交匯處。它既有趣，有效又能交流。今年參加的藝術家和燈光設計師正在探索其作品的新思想和新技術。這些裝置作品引發了人們對我們如何體驗城市環境的思考，並使您作為訪客以嶄新的眼光看待斯德哥爾摩。

借助標誌性場所和建築物中的新光影體驗，諾貝爾周希望邀請斯德哥爾摩人參加今年的諾貝爾周慶典活動。這一年，是各個方面都被困難危困的艱辛的一年，這將是一種文化體驗，您可以參加

疫情期間，觀眾不能來現場，整個音樂廳成了光的舞台，全程直播聖誕音樂會，以安慰那些渴望音樂人們的心靈。

此項户外活動，與他人保持安全距離。身歷其境地體驗到：黑暗中給予的光芒是在我們最需要的時刻。

我密切的身臨其境的關注了「諾貝爾周點燃斯德哥爾摩」活動，因為有十二處地標場景，無法一一介紹，只能挑幾處重點簡介一下：

古斯塔夫瓦薩教堂：諾貝爾一生最偉大的發明是硝化甘油炸藥和飛行炮彈。這兩樣東西本身是中性的，它既可以用於防衛又可以用於侵略。諾貝爾一生致力於為人類造福，致力於社會的文明進步。他的精神吸引著沉思和反思。作品被投射在教堂正門外的一塊大玻璃屏幕上，無聲並以慢動作顯示出強大的炸藥爆炸時的光芒與威力。

市政廳：是諾貝爾獎宴會場地。此次是與瑞典航天局和歐洲航天局合作開展的最大的視頻製圖項目之一。該裝置與今年因發現宇宙最奇怪的現象——黑洞而獲得的物理學獎有著明顯的聯繫。

文化中心：整座建築玻璃窗用燈影顯示「我永遠不會放棄燈光！」這句話是一九五七年十二月十日，阿爾及利亞出生的法國作家阿爾伯特．卡繆（Albert Camus）榮獲諾貝爾文學獎時其中的一句講詞，是對自己一生奮鬥精神的總結。

諾貝爾獎博物館：博物館外圍繞一圈與瑞典國旗和諾貝爾慶典相關的藍、黃色燈框。潛台詞是：在這裏歡迎所有的訪客，大家都是諾貝爾獎博物館榮譽的貴客。

從第一次諾貝爾頒獎典禮開始，每次都是十二月十日下午舉行，為紀念諾貝爾一八九六年十二月十日下午四點三十分逝世，在這一時刻同時舉行儀式，含有特殊意義的做法一直沿襲至今。今年以「黑暗中的光芒！」為主題的慶典也由下午開始，那時天早已墨黑，燈光需要在黑夜降臨時才會達到應有的最佳效果。

無獨有偶的是「諾貝爾周點燃斯德哥爾摩」十二月十三日閉幕，選在那天正好與同一天瑞典傳統露西亞節相連結。露西亞是光明的傳遞者，是古老神話中的人物，她擔負著一項永恆的職責——為瑞典的漫漫長夜帶來光明。露西亞之夜是一年中最長的夜晚，也是個最危險的夜晚，據說鬼神都會跑出來，動物也會開口說話。到了早晨，動物需要進食額外的飼料；人也需要額外進食補充營養。這種額外進食預示著聖誕節的到來，感覺上跟中國民間祭灶節是同樣道理，祭灶節是中國過春節的序曲，年菜在這之後陸續起動。

讚頌露西亞的歌曲有很多，都是相似的主題，寫下孫女愛唱的這首：

夜幕降臨
籠罩庭院和屋宅
在沒有陽光照耀的地方，
四處陰沉暗淡
她走進了我們黑暗的家園，
帶來了點燃的蠟燭，

聖露西亞，聖露西亞！

雖然兩歲半的孫女不能理解歌詞，唱起來還會跑調，但她現在天天聽天天唱，耳熟能詳唱得一字不差順溜極了。露西亞節的慶祝活動還包括吃薑味餅乾和甜味藏紅花小麵包（lussekatter）做成形如蜷曲的貓咪，用葡萄乾做眼睛。大人會搭配添了香料的熱葡萄酒（glögg），熱香料酒則是紅酒加入香料及肉桂慢火煮，熱後再加伏特加暖身的飲品。

形式是這樣的：根據傳統，露西亞要「戴著光明」——戴蠟燭環繞的王冠（傳統中用的真蠟燭現在基本上用電池作電源）；她的每個侍女穿著白色長袍也要手持蠟燭；星光男孩手持鑲在木棒上亮晶晶的星星，也穿著白色長袍，戴著錐形高帽；棕仙們舉著小燈籠壓尾。記得多年前，黑暗中的清晨我和比雷爾去漢寧托兒所觀禮，隨著孩子們從側門戴著燭光和舉著星火緩緩走進，室內燈光漸漸變暗，而孩子們的歌聲越來越嘹亮時，會產生一種異常感人，特別溫馨的氣氛。

今年的露西亞正好是星期天，托兒所不開門，於是我清晨起身，在黑暗中趕到社區的小教堂想看露西亞慶祝活動，不料吃了個閉門羹。教堂黑區區的，門口貼了張紙：

由於瑞典疫情變得嚴重，教堂的一切活動暫時停止。請上網收看我們所有的活動。網址：

**********謝謝！

我讓漢寧幫我找到瑞典國家電視台今年錄製的露西亞特別節目，今年與往年非常不同的是沒有在教堂中錄製，而選擇了在冰天雪地的瑞典北部拉普蘭山區攝製，它是歐洲最後一片原生態地區，也是歐洲唯一原著民——拉普人的故鄉。是芬蘭北部、瑞典北部和挪威北部地區的統稱，它有四分之三處在北極圈內。頭一個鏡頭是麋鹿的角，那是最具特色拉普遊牧民族畜養的動物，然後鏡頭拉開看到廣袤的山脈，大片的松林、極地平原、冰川，在冬季全被皚皚的白雪覆蓋，冰清玉潔如世外仙境。

整個一小時露西亞節目的編排，都是圍繞著燭光、無伴奏的童聲、民歌、朗誦、篝火、極夜、午夜的陽光、小木屋透著的燈火、具有民族特色的帳篷、冰河中的倒映、覓食的動物展開，如夢如幻，時間彷彿靜止了，世間的疫情和煩惱已不存在，人在大自然中頌唱、呼吸，一團團「白雲」（因為酷寒）由口中吐出，像在釋放心靈。

露西亞節與仲夏節的慶祝活動最能代表瑞典的文化傳統，清晰地反映了過去農業社會的生活氣息：「日永」是仲夏，跟中國夏至相似；「日短」是露西亞，與中國冬至相近，瑞典的仲夏與露西亞，有如白晝與長夜、黑暗與光明、寒冷與溫暖。

在露西亞以前，瑞典皆是晝短夜長，在這天之後，白天會越來越長，因此這個節日代表著黑暗即將過去，光明將要到來。

今天十二月二十一日是中國農曆十一月七日，是二十四節氣中最重要節氣——冬至，又叫亞歲，僅亞於過春節的日子。冬至也就是數九寒天，數九個九天就過完了最冷的數九，按照中國的古老傳說：冬至黑夜最長、陰氣最重、死亡最近。

媽媽在電話中告訴我已經買好了湯圓，還準備包餃子過傳統冬至節，而我已經約好了兒子，由他開車帶孫女禮雅到近郊去看聖誕節花市和那裏的燭光和燈飾！

下車後我戴上了口罩，在濛濛細雨中我們從灰色邁入了彩虹——花市，眼前一閃亮的同時心中一亮閃，頓時陰氣全消。看著禮雅閃光的眼睛、陽光的笑顏，我相信陽光將逐漸驅逐黑暗！

傳統冬至節，中國南方、北方習俗不一樣，基本上不出吃餃子或湯圓這兩樣，當中包的餡兒可以隨各人的愛好千變萬化。而瑞典肉丸子必定是慶祝聖誕節時餐桌上的一碟菜，雖然是傳統的家常菜，但家家戶戶的做法各有千秋。今年聖誕節我可以做甚麼好吃的同時可以包容以上這些內容？左思右想正不得要領時，接到邁平一個電話，說要過節了想慰問我這個饞嘴婆一下，剛買到了荷蘭出產的大閘蟹，知道是我所有食物中的最愛要送過來，當然我就不假裝客氣了。半個小時後，我在大門外車道上見到了聖誕老人——邁平，送給我的一大袋食品全是空運到瑞典中國食品店的新鮮瓜果蔬菜：茭白、萵苣筍、桂圓、馬蹄，我連呼：「啊——太幸福啦！」

邁平前腳剛剛調車頭開走，我後腳即刻下廚煮開水蒸大閘蟹，蒸蟹切薑末時，居然有了靈感：哎——我可以用新鮮的馬蹄做糯米珍珠丸子，外表糯米白的像湯丸，裏面丸子肉味道可以與瑞典肉丸子比美，照型跟瑞典耶誕雪球燈飾相似，馬上打定主意做這一舉四得的菜色。

二〇二〇年十二月二十一日冬至

2020 年冬至，逛斯德哥爾摩聖誕節花市。

糯米珍珠丸子

食材：糯米 200 克、碎豬肉 400 克、切碎馬蹄 100 克、雞蛋 1 個、蔥 1 湯匙、薑末 1/2 湯匙、芝麻油 1/2 湯匙、鹽 1 茶匙、白胡椒粉 1/2 茶匙、雞精 1/2 茶匙、水 4 湯匙、生抽 1 湯匙（生抽是淺色醬油，如果你所在地沒有生抽，就放普通醬油，只是放少一點，怕顏色黑會影響白糯米觀感）

製法：糯米洗淨。用冷水泡四個小時以上，備用。

將豬肉（買現成攪碎豬肉也可以）和馬蹄分別剁碎，將生薑和香蔥洗淨切末，全都放入一只大碗中，加入打散的雞蛋、芝麻油、生抽（或醬油）、白胡椒粉、雞精，順一個方向攪拌，至攪拌均勻後加冷水（水共分四次加），每次 1 湯匙，仍然順一個方向繼續攪拌勻，加了水的肉會柔軟有汁。

將泡好的糯米倒在篩網上瀝乾水份後盛盤，手心沾點水，將和好的肉捏搓成小肉丸子，肉丸子在糯米上滾一滾，讓糯米粒均勻的包裹在肉丸表面，做好的糯米丸子放入另一個大盤子中準備蒸。開大火蒸二十至二十五分鐘即可。

江青後記

一晃眼距離著手寫《食中作樂》四年了，自從二〇二〇年三月羅馬歌劇院排演《圖蘭朵》叫停，拖著疲憊的身心由羅馬回到了斯德哥爾摩的家，因為兒子漢寧在斯德哥爾摩醫院急診室一線工作，而瑞典政府採取不設防舉措，使我每天在焦慮中度日如年，想到疫情這條看不到盡頭多災多難的路，只能冷靜下來面對困境向前走。首先要給兒子全家「加油」，絞盡腦汁做些可口又營養的食物支援三口之家。為了克服自己的遑遑不可終日，決定坐定下來、靜下心、埋下頭寫作。這一寫一發不可收拾，埋頭苦幹中居然在兩年之中出了三本書，這本《食中作樂》就是其一，想用「食」作避風港給自己舒壓。

二〇二二年復排《圖蘭朵》，要招考舞蹈演員。疫情之後，人人急於找工作謀生。結果，只需要八人，一下子卻來了一百五十多人，先驗健康證明，再驗核酸，合格了才能進考場。開排次日，二月二十四日驚悉俄羅斯入侵烏克蘭，心驚膽顫之餘，我和艾未未不約而同地感歎：這版《圖蘭朵》究竟是甚麼「命」?!兩年前因為新冠疫情，臨首演之前一周停擺，現在剛剛開始啟動，又遇上了硝煙戰亂，然而新冠疫情仍然在肆無忌憚的橫行霸道。戴著口罩排練苦不堪言，排練之餘所有的時間和注意力都在這場民不聊生殘酷的戰爭上，首演謝幕時烏克蘭女指揮 Oksana Lyniv 腰上纏綁了烏克蘭國旗上台，一抹藍黃令我肅然起敬，讚佩打不倒的英勇民族！

不料，現在又過去了兩年，疫情氾濫如影隨行，俄烏戰爭仍在繼續，又加上以巴之戰，各地烽火連綿不絕，造成死亡、流離失所、饑荒、失業、民不聊生……進入了風雨飄搖、世局動盪不安，令人感到悲涼、沮喪、鬱悶、堵得慌的年頭。

時間永不停步，冬去春來生生不息，我又多了位小孫女愛麗絲（Iris），二〇二二年六月四日出生。我五月初由紐約到瑞典，不料兒媳分娩期一而再三的後延，當我趕去兒子家陪伴三歲大的禮雅，兒子陪兒媳午夜上醫院，當天孩子誕生時，我的第一反應竟然是：怎麼生日會在如此堵心的「六四」？想來這個刻骨銘心的日子使我絕不會錯過小孫女的生日。一九八九年傾盆大雨之下，母親、我、漢寧，祖孫三代曾為「六四」在紐約聲嘶力竭的抗議吶喊過，雨水混著淚水……我們三代會永遠記住這個日子，等愛麗絲長大，相信漢寧也會告訴女兒與她生日相關的「故事」，這樣一代代聲聲不絕傳下去生生不息！

然而，日子總是要一天天往下過，民以「食」為天。趁這個台灣版出版之際，承蒙同是舞蹈出身，懂吃、會喝、又善烹飪的好友作家嚴歌苓女士慨允寫序，給這本書加分、加油！

也再次感謝食神老友蔡瀾題字，也希望讀者感到這本畫傳如他所說：「與眾不同！」鳴謝香港天地圖書在四年前神速的出版了此書，如今還慷慨協助時報文化出版公司出版台灣版，而這也是時報文化在出版業不景氣的當下，自二〇二一年起連續出版我寫的第三本書，在此誠摯感謝對我的鼓「舞」，我是舞者當然企盼可以繼續舞動下去。

這裏寫個和「食」緊密相關，幾乎是匪夷所思的風趣故事與眾分享。

二〇一六年為慶祝《明報月刊》五十周年，編輯知道我跟余英時、陳淑平伉儷相識，託付我給余先生做個專訪「中國必須回到文明的主流」。後來，感到很有必要將我所認識的余氏伉儷寫出來，讓讀者可以感受到他們「古道熱腸」發出來的人性光輝。

採訪前收到了淑平（Monica）的電話：「余先生對妳有個小小的請求，採訪時請妳帶樣東西過來。」然後就在電話中賣「關子」嘻嘻哈哈起來，他們夫婦從來沒有請求過我任何事，於是問：「帶甚麼東西？」「記得嗎？那年到妳家吃晚飯，前菜冷盤妳做了個冷菜，他念念不忘美味，所以希望妳做了帶過來。」我笑說：「多少年前啦，我哪裏記得當年的菜單？對余先生當然有求必應。」「呵—是鹽水雞肫……」我打斷 Monica：「哈—是我的拿手菜，最簡單不過的要求，一定辦到！」

事情是這樣的，一九九二年瑞典斯德哥爾摩大學東方語言學院中文系召開國際學術研討會《國家、社會、個人》史學泰斗余英時先生夫婦應邀出席。我邀他們來我家晚餐，主要目的可以讓朋友劉再復先生單獨跟余先生談申請「蔣經國國際學術交流基金會」研究經費一事。余先生是「基金會」主要推手，這是一個面向國際的學術獎助機構，以「純學術」定位，劉再復是大陸知名流亡學者，完全符合申請條件。這頓有「心機」的晚餐，後來有了成果，「基金會」的研究經費讓劉再復在科羅拉多大學東亞系（University of Colorado at Boulder）擔任客座教授六年。

余英時先生是 Monica 口中的老好人，中國傳統文化中的「人情」向來看得很重，雖然他在世界知識文化界德高望重，得獎無數，但仍然帶著使命感的關懷文化、社會、時局，給我的印象他幾乎是有求必應，尤其是關懷流亡在外的知識人。

二〇二一年八月一日余先生在睡夢中辭世，按照他遺願低調處理身後事，將其安葬於普林斯頓大學附近的墓地，緊鄰父母的墓旁，然後淑平才向親友和學界透露余英時逝去的消息。我在瑞典獲得噩耗後，強制自己定下神從瑞典給 Monica 打電話，幾次都無人接聽，相信言語此時完全失去了作用也毫無意義，送上一盆花聊表心心念念！並寫「余思余念—悼余先生英時」：

不敢相信、不忍相信、其實是不願相信余先生英時遠行了！相信他走的安穩，在睡夢中行遠。相信現在余先生睡在那，父母在那，家在那，中國在那！更相信那個自由民主的歸宿地原本是他畢生追尋的夢鄉！

秋天回到紐約，好心的好朋友 Tina 開車送我去普林斯頓探望 Monica，因為疫情我們戴著口罩在室外院子裏坐，Monica 最感欣慰的是：余先生好福氣，在夢鄉中離去，完全沒有半點痛苦！知道余先生已經入土為安，我帶了一盆菊花和一大瓶余先生心儀的鹽水雞肫去掃墓。那天秋高氣爽，金色的陽光從樹葉中投下，因為墓碑還在雕刻中，所以只有頭相和寫了名字的小紙牌置放在余先生墓地上，隔壁父母大人的墓碑上刻著余協中教授、尤亞賢夫人。我將花和瓶子恭敬的獻上：「余先生，來看你了……」哽咽住，怎麼都說不下去，看 Monica 眼眶濕漉漉的，我強忍住奪眶而出的淚水，怕惹她傷心。

2021 年 Monica（右）與江青給余英時先生掃墓。其時因爲墓碑還在雕刻中。隔壁爲余英時父母的墓碑。（Tina 攝）

第二天傍晚接到 Monica 電話：「江青謝謝妳昨天來，知道嗎，你們走後我昨天半夜又回了墓地！」

「出了甚麼事嗎？」

「啊呀，半夜躺在床上睡不著，想吃妳的鹽水雞肫，所以開車回到墓地取回家，妳看我有多饞……」

我笑的喘不過氣：「啊?!」被打斷。

「我今天白天又送回墓地給他吃了，只送兩個，其他放入冰箱，一次兩個慢慢吃。」

這事真太不可思議了！從此，只要我有機會去探望 Monica，就一定會帶上余先生和她都愛吃的鹽水雞肫。

如今 Monica 年事已高已經不開車了，她告訴我：「家裏供了余英時的

2023 年聖誕節，祖孫三代去墓地給比雷爾掃墓。

照片，常常會把妳的鹽水雞肫供上，讓他跟我一起享用！」

寫至此希望讀者感到這個故事和此書不僅是「食」，而是一種生活、人生「態度」，感悟到面對人生悲情和逆境中，該如何樂觀、淡定地對待和珍惜自己的每一刻、每一天，學會苦中作樂也可以變成是食中作樂！

二〇二四年二月十四日

江青

鹽水雞肫

食材：雞肫 500 克，蒜粒 4 至 6 瓣、花椒粒 1½ 茶匙、鹽 3 茶匙、酒 2 湯匙（用中國黃酒，外國 Dry sherry 也可以替代）、油 1 湯匙、雞精 1/2 茶匙。

製法：清理雞肫上的油、拉去筋和內壁的厚皮，用 2 茶匙鹽先抓一下雞肫，冷水沖洗時繼續抓捏，有黏液出來，洗淨後備用。

1,200 克清水放在鍋中蓋上鍋蓋煮滾，雞肫直接放入滾水中，水煮開後再等二分鐘，將雞肫和水倒入漏篩中，水漏掉後用冷水沖洗乾淨雞肫備用。

鍋在火上加熱，加入 1 湯匙油，先放入蒜爆香變黃後再加入花椒繼續煸炒半分鐘，然後倒入雞肫，倒入後不停翻炒約一分鐘，加入 2 湯匙酒、1 茶匙鹽、1/2 茶匙雞精，馬上蓋上鍋蓋，火調至中火，煮二至三分鐘後關火（不需要加水，雞肫會有汁出來）。不開鍋蓋，讓雞肫悶在鍋中約十五至二十分鐘。

雞肫冷卻後放冰箱。吃前撿出蒜片、花椒粒，將爽脆雞肫切片（厚薄隨意）後放盤。

亞男後記

我與江青老師相識有十多年了，多年來她一直往來奔波於紐約和斯德哥爾摩，以及工作於世界各地，故深交甚少。因為疫情，被困於瑞典。使得我們有了此次合作的契機。為了有一個完整和封閉的創作環境，我提出到她的猞猁島上去，為了躲避疫情，也為了更多地了解這個充滿了傳奇與智慧的女子。

猞猁島上的落日下，杯中酒的幽香裏，一個豐實的人生，一個歷經繁華而真實的她逐漸浮現出來。如今此書封筆之時，我感激，大幸，能如此近距離的聽與感受那些遠而近的傳說。與她工作，受教良多，惟有誠惶誠恐！

第一次見到她是〇四年與馬悦然和邁平去看瑞典皇家話劇院的《魏國三刀》。頓時被驚艷了，東方的靈魂與西方的肢體出神入化的融合，邁平演出後介紹説，這是編舞和動作設計：江青。

再得知，那場轟動一時的《圖蘭朵》多明戈——一九八七年大都會歌劇院，編舞，依然是這個名字，江青。後來我受託拍攝瑞典皇家音樂廳的百年畫冊，與總經理佛斯貝格談起那次江青與譚盾在皇家音樂廳的演出歌劇《茶》，他用震撼來形容……

生於七十年代的我，對江青的演藝生涯並不了解，猞猁島上深夜的的追問下，那些耳熟能詳的名字在她嘴裏雲淡風輕，舉手投足裏看江青笑看紅塵。

鏡頭裏無法完整表現這樣一個傳奇的女子，她若玉，溫潤有方，所到之處必是驚艷。

亞男台灣版又記

江青因為疫情被困在瑞典，於是她有了寫這本書的念頭，轉眼已是四年前。這四年，世界、身邊和我們都發生了很大的變化。疫情的肆虐，普丁的俄羅斯入侵烏克蘭，無辜生靈慘遭塗炭，世界格局更加分裂。連堅持中立百年的瑞典因感到嚴重的和平危機，也義無反顧的申請加入北約。很難預料，看客捧讀此書的時候，世界會是甚麼樣子。

台灣出版這本書，讓我坐下來把這個大時代和我的鏡頭所觸做個回顧。數年前，我曾在瑞典皇家音樂廳舉辦個人影展。這個音樂廳是每年頒發諾貝爾獎的地方，也是瑞典藝術界擁有非常高地位的藝術殿堂。開幕當天，音樂廳的總裁史德芬向我發出了邀請，希望我來拍攝音樂廳百年慶典的畫冊。我當時沒有立刻答應，因為這樣一個龐大且榮譽有加的專案，我真的需要坐下來認真思考，做知識上的研究和心理上的準備。當然還需要重新安排未來幾年原本就非常緊張的工作計畫。

思索三年後，我和史德芬再次坐下來。他當時拿出一把鑰匙說：「這是音樂廳的鑰匙，早為你準備好了，歡迎你。」簡單、溫暖且不容推辭，於是一個將近十年的專案就此開始。

二〇二〇年春，疫情開始在歐洲肆虐，從義大利開始，隨後蔓延開來。三月瑞典宣佈進入緊急狀態。部份學校停課，日常工作除了一些社會基礎部門外，幾乎全部改成線上工作。疫情幾乎讓整個世界一夜之間陷入了黑暗。許多國家在驚慌中設下各種日後看來匪夷所思的措施來限制的各種流

通。這些，一定會成為未來社會學研究的課題。

斯德哥爾摩的街道上除了呼嘯的救護車到處是一片恐怖的死寂，許多物資頓時陷入短缺，人與人之間突然被強制要求保持距離，到處彌漫著看不到未來的恐慌氛圍。同時，老人院和醫院裏的死亡資料每天不斷地刷新著。江青打來電話，為身為急診醫生的孩子漢寧日夜不安。

我來到音樂廳。走廊裏昏暗、空蕩。走廊的盡頭，隱約聽到音樂聲。我駐足、辨認、疑惑。順音尋去，一個攝影團隊正在拍攝一場音樂會，舞台上攝影的燈光僅僅局部打亮了演奏者，整個場景恍若一艘孤舟在黑暗的海上顛簸。甲板上，一支樂隊正鏗鏘悲憤的為生命與文明演奏。我從未經歷過如此震撼的音樂，如此近距離感受音樂的力量。

之後得知，瑞典皇家音樂廳決定將所有原定售票的音樂會改為線上音樂會，並全部免費向公眾開放。他們認為，這是人民最需要音樂的時候！

於是，我的鏡頭記錄著在如此特殊背景下的故事。記錄音樂家們克服各種限制，只為音樂能夠走進人民……

二〇二三年夏，我的個人影展在皇家音樂廳再次舉辦，展出的是疫情期間我的鏡頭捕捉到的那些發生在音樂廳裏的故事。這是一個規模空前的攝影展，獲得巨大的成功。總參觀人數超過三萬八千人次，成為瑞典二〇二三年夏天最大的文化活動。人們感動的是照片裏流淌的震撼和激勵，那是音樂的力量！

二〇二三年十月諾貝爾生理學或醫學獎授予科學家卡塔琳・考里科和德魯・韋斯曼，以表彰他們在信使核糖核酸（mRNA）研究上的突破性發現，這些發現助力疫苗開發取得前所未有的速度。

獲獎消息宣佈的次日，諾貝爾委員會醫學委員會打電話給我：「我們希望能夠請你在今年諾貝爾頒獎期間在委員會辦個人展覽，展出你在疫情期間拍的照片，展現瑞典在疫情下的狀態」。他們認為這些照片從一些獨特的角度記錄和展示了那個似乎已經遙遠，但又發生在身邊的歷史。

作為第一位被邀請到諾貝爾委員會舉辦展覽的藝術家，我自然感到榮幸，卻也倍感壓力。此時距離開幕日期僅一個多月的時間，而我深知舉辦影展所需要投入的精力和時間。我回到斯德哥爾摩省政府的辦公室，與同事討論起這個特殊的邀請。半小時後，同事滿臉笑容的說，省政府希望能夠與諾委會和我共同來辦這個展覽，並且是舉辦巡展。一個各種專業人員組成的團隊立刻成立，主題是通過我來講述的那段歷史。選片、拍攝影片、製作、策劃方案緊鑼密鼓的進行著。

HJÄRTAT
EN FOTOUTSTÄLLNING
AV YANAN LI
Fri entré till utställning och
konserter med unga
sommarmusiker.
Biljetter till guidade visningar.
Öppet dagligen kl 11.00–17.00

二〇二三年十二月初，這個特殊的展覽在諾委會正式展出，並立刻成為各界的關注焦點。瑞典作為一個在對待疫情的政策上自始至終保持特立獨行的國家，在疫情期間一直處於輿論的風口浪尖。然而疫情過後，通過各種資料證明瑞典採取的政策使其成為死亡人數相對最少，對社會經濟影響最低的國家之一。我的影展作為那段歷史的紀錄，在展覽期間尤其是諾獎周引起了不小的轟動。

這本書誕生於一段社會混亂時期。這場不得不重新建立秩序的大時代給予我們時間和機會坐下來整理和思考。從吃開始，重新感受身邊的事物。

我感謝江青如此抬愛，感謝嚴歌苓的序言！也感謝謀面與未謀面的朋友們為此書出版的付出與奉獻，謝謝你們！

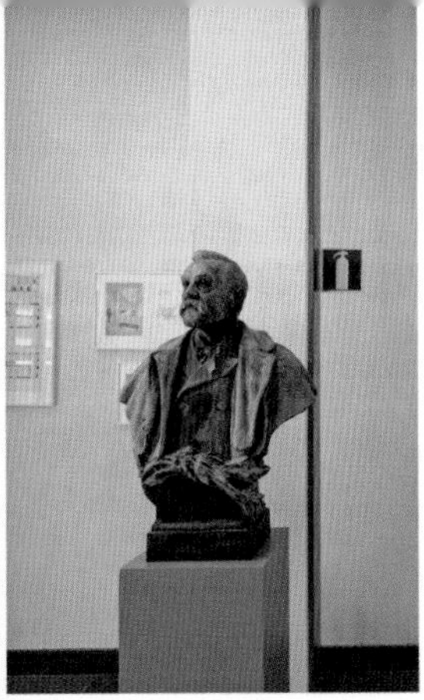

作者簡介：江青

江青，一九四六年生於北京，十歲在上海小學畢業後，入北京舞蹈學校接受六年專業訓練。此後她的工作經驗是多方面的：演員、舞者、編舞、導演、舞美設計、寫作。

一九六三至一九七〇年在香港、台灣從事電影，主演影片二十九部，並參與數部影片的編舞工作，於一九六七年獲台灣電影最佳女主角金馬獎。

一九七〇年前往美國，開始接觸現代舞，一九七三年在紐約創立「江青舞蹈團」（至八五年），舞團和她的作品不斷地在世界各地巡演，並應邀參加國際性藝術活動。

一九八二至八四年應邀出任香港舞蹈團第一任藝術總監。

先後任教於美國加州柏克萊大學、紐約亨特大學、瑞典舞蹈學院以及北京舞蹈學院。

一九八五年移居瑞典，此後以自由編導身份在世界各地進行創作和獨舞演出，並經常擔任歌劇和話劇的編導工作。她的藝術生涯也開始向跨別類、多媒體、多元化發展。其舞台創作演出包括：紐約古根漢博物館、紐約大都會歌劇院、倫敦 Old Vic 劇場、瑞典皇家話劇院、維也納人民歌劇院、瑞士 Bern 城市劇場、柏林世界文化中心、北京國家大劇院歌劇廳等。

近二十年，作者勤於筆耕，創作多部舞台和電影劇本，其中《童年》獲一九九三年台灣優秀電影劇本獎。

出版著作：《江青的往時．往事．往思》、《藝壇拾片》、《故人故事》、《說愛蓮》、《回望》、《我歌我唱》、《食中作樂》、《念念》、《定心丸》、《印記》。

現居瑞典、紐約。

作者簡介：亞男

一九七三年生於河南洛陽。少年隨家遷居北京，從廚數載，九十年代中入北京師範大學學習電影，二〇〇〇年入瑞典哥德堡攝影學院。

二〇〇四年供職瑞典斯德哥爾摩市政廳，任專職攝影師，期間發表《未知之美——斯德哥爾摩市政廳》，書分瑞、英、中三語，至今仍為瑞典國禮。

隨後作為攝影師供職斯德哥爾摩省政府，以及瑞典皇后西里維亞學院至今。

二〇〇五年起開始與諾貝爾委員會合作至今。

二〇〇五年起成為哈蘇特別贊助攝影師至今。

先後在斯德哥爾摩、布魯塞爾、華盛頓舉辦個人影展，二〇一六年受邀在斯德哥爾摩米勒斯博物館設個人永久展廳。

先後出版以及近期即將出版的畫冊：《未知之美——斯德哥爾摩市政廳》、《米勒斯花園》、《尤金王子故居》、《瑪利亞娜王妃》、《挪威維格蘭雕塑園》、《挪威駐瑞典大使館》、《街角》、《尤金王子花的世界》、《伯格曼——瑞典最後的雕塑》、《斯德哥爾摩皇家音樂廳百年》及《諾貝爾的美食藝術及其文化》。

特別鳴謝

蔡瀾先生
陳邁平先生
嚴歌苓女士

瑞典哈蘇公司

食中作樂 / 江青文 ; 亞男攝影 . -- 一版 . -- 臺北市 : 時報文化出版企業股份有限公司 , 2024.05
面；　　公分 . -- (生活文化 ; 90)
ISBN 978-626-396-105-0(平裝)
1.CST: 食譜

427.1　　113004103

ISBN 978-626-396-105-0
Printed in Taiwan

生活文化 90
食中作樂

作者　江青｜攝影　亞男｜主編　謝翠鈺｜企劃　陳玟利｜封面設計　林采薇、楊珮琪｜美術編輯 SHRTING WU｜董事長　趙政岷｜出版者　時報文化出版企業股份有限公司　108019 台北市和平西路三段 240 號 7 樓　發行專線 —(02)2306-6842　讀者服務專線 —0800-231-705．(02)2304-7103　讀者服務傳真 —(02)2304-6858　郵撥 —19344724 時報文化出版公司　信箱 —10899 台北華江橋郵局第九九信箱　時報悅讀網 — http://www.readingtimes.com.tw｜法律顧問　理律法律事務所　陳長文律師、李念祖律師｜印刷　和楹印刷有限公司｜一版一刷　2024 年 5 月 10 日｜定價　新台幣 500 元｜缺頁或破損的書，請寄回更換

時報文化出版公司成立於 1975 年，並於 1999 年股票上櫃公開發行，
於 2008 年脫離中時集團非屬旺中，以「尊重智慧與創意的文化事業」為信念。